Motorsteuerung lernen

Die Steuerung moderner Otto- und Dieselmotoren macht einen stetig steigenden Anteil an Fahrzeugelektronik erforderlich, um die hohen Forderungen nach einer Reduzierung der Emissionen zu erfüllen. Um die Funktion der Fahrzeugantriebe und das Zusammenwirken der Komponenten und Systeme richtig zu verstehen, ist daher ein Fundus an Informationen von deren Grundlagen bis zur Arbeitsweise erforderlich. In diesem Heft „Abgastechnik für Ottomotoren“ stellt *Motorsteuerung lernen* die zum Verständnis erforderlichen Grundlagen bereit. Es bietet den raschen und sicheren Zugriff auf diese Informationen und erklärt diese anschaulich, systematisch und anwendungsorientiert.

Weitere Bände in der Reihe http://www.springer.com/series/13472

Konrad Reif
(Hrsg.)

Abgastechnik für Ottomotoren

Hrsg.
Konrad Reif
Duale Hochschule Baden-Württemberg Ravensburg
Campus Friedrichshafen
Friedrichshafen, Deutschland

ISSN 2364-6349
Motorsteuerung lernen
ISBN 978-3-658-27952-3

Die Deutsche Nationalbibliothek verzeichnet diese Publikation in der Deutschen Nationalbibliografie; detaillierte bibliografische Daten sind im Internet über http://dnb.d-nb.de abrufbar.

Verantwortlich im Verlag: Markus Braun
Springer Vieweg ist ein Imprint der eingetragenen Gesellschaft Springer Fachmedien Wiesbaden GmbH und ist ein Teil von Springer Nature
Die Anschrift der Gesellschaft ist: Abraham-Lincoln-Str. 46, 65189 Wiesbaden, Germany

Vorwort

Die beständige, jahrzehntelange Vorwärtsentwicklung der Fahrzeugtechnik zwingt den Fachmann dazu, mit dieser Entwicklung Schritt zu halten. Dies gilt nicht nur für junge Leute in der Ausbildung und die Ausbilder selbst, sondern auch für jeden, der schon länger auf dem Gebiet der Fahrzeugtechnik und -elektronik arbeitet. Dabei nimmt neben den klassischen Gebieten Fahrzeug- und Motorentechnik die Elektronik eine immer wichtigere Rolle ein. Die Aus- und Weiterbildungsangebote müssen dem Rechnung tragen, genauso wie die Studienangebote.

Der Fachlehrgang „Motorsteuerung lernen“ nimmt auf diesen Bedarf Bezug und bietet mit zehn Einzelthemen einen leichten Einstieg in das wichtige und umfangreiche Gebiet der Steuerung von Diesel- und Ottomotoren. Eine fachlich fundierte und anwendungsorientierte Darstellung garantiert eine direkte Verwertbarkeit des Fachlehrgangs in der Praxis. Die leichte Verständlichkeit machen den Fachlehrgang für das Selbststudium besonders geeignet.

Der vorliegende Teil des Fachlehrgangs mit dem Titel „Abgastechnik für Ottomotoren“ behandelt die Emissionsminderung und damit zusammenhängende Themen. Dabei wird auf die grundsätzliche Funktion des Motors, die Abgasgesetzgebung und vor allem auf die Abgasnachbehandlung eingegangen. Außerdem werden die Abgasmesstechnik sowie die Diagnose behandelt. Dieses Heft ist eine Auskopplung aus dem gebundenen Buch „Ottomotor-Management“ aus der Reihe Bosch Fachinformation Automobil und wurde für den hier vorliegenden Fachlehrgang neu zusammengestellt.

Friedrichshafen, im Januar 2015 Konrad Reif

Inhaltsverzeichnis

Herausgeber

Prof. Dr.-Ing. Konrad Reif

Autoren und Mitwirkende

Dr.-Ing. David Lejsek,
Dr.-Ing. Andreas Kufferath,
Dr.-Ing. André Kulzer,
Dr. Ing. h.c. F. Porsche AG,
Prof. Dr.-Ing. Konrad Reif,
Duale Hochschule Baden-Württemberg.
(Grundlagen des Ottomotors)

Dipl.-Ing. Klaus Winkler,
Dr.-Ing. Wilfried Müller,
Umicore AG & Co. KG,
Prof. Dr.-Ing. Konrad Reif,
Duale Hochschule Baden-Württemberg.
(Abgasnachbehandlung)

Dipl.-Ing. Martin-Andreas Drühe,
Dr.-Ing. Matthias Tappe,
Prof. Dr.-Ing. Konrad Reif,
Duale Hochschule Baden-Württemberg.
(Emissionsgesetzgebung)

Dr.-Ing. Markus Willimowski,
Dipl.-Ing. Jens Leideck,
Prof. Dr.-Ing. Konrad Reif,
Duale Hochschule Baden-Württemberg.
(Diagnose)

Soweit nicht anders angegeben,
handelt es sich um Mitarbeiter der
Robert Bosch GmbH.

Grundlagen des Ottomotors

Der Ottomotor ist eine Verbrennungskraftmaschine mit Fremdzündung, die ein Luft-Kraftstoff-Gemisch verbrennt und damit die im Kraftstoff gebundene chemische Energie freisetzt und in mechanische Arbeit umwandelt. Hierbei wurde in der Vergangenheit das brennfähige Arbeitsgemisch durch einen Vergaser im Saugrohr gebildet. Die Emissionsgesetzgebung bewirkte die Entwicklung der Saugrohreinspritzung (SRE), welche die Gemischbildung übernahm. Weitere Steigerungen von Wirkungsgrad und Leistung erfolgten durch die Einführung der Benzin-Direkteinspritzung (BDE). Bei dieser Technologie wird der Kraftstoff zum richtigen Zeitpunkt in den Zylinder eingespritzt, sodass die Gemischbildung im Brennraum erfolgt.

Arbeitsweise

Im Arbeitszylinder eines Ottomotors wird periodisch Luft oder Luft-Kraftstoff-Gemisch angesaugt und verdichtet. Anschließend wird die Entzündung und Verbrennung des Gemisches eingeleitet, um durch die Expansion des Arbeitsmediums (bei einer Kolbenmaschine) den Kolben zu bewegen. Aufgrund der periodischen, linearen Kolbenbewegung stellt der Ottomotor einen Hubkolbenmotor dar. Das Pleuel setzt dabei die Hubbewegung des Kolbens in eine Rotationsbewegung der Kurbelwelle um (Bild 1).

Viertakt-Verfahren

Die meisten in Kraftfahrzeugen eingesetzten Verbrennungsmotoren arbeiten nach dem Viertakt-Prinzip (Bild 1). Bei diesem Verfahren steuern Gaswechselventile den Ladungswechsel. Sie öffnen und schließen die Ein- und Auslasskanäle des Zylinders und steuern so die Zufuhr von Frischluft oder -gemisch und das Ausstoßen der Abgase.

Das verbrennungsmotorische Arbeitsspiel stellt sich aus dem Ladungswechsel (Ausschiebetakt und Ansaugtakt), Verdichtung,

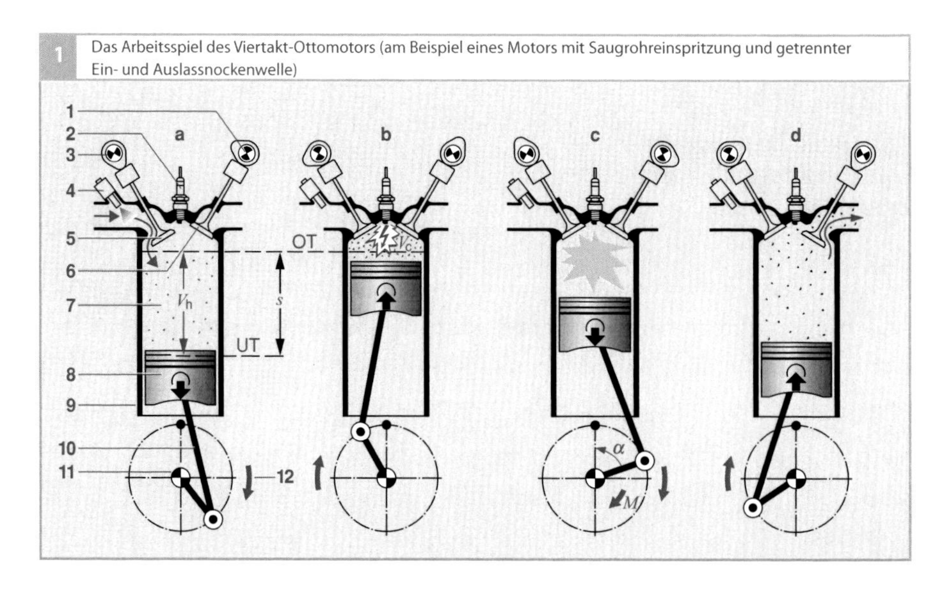

1 Das Arbeitsspiel des Viertakt-Ottomotors (am Beispiel eines Motors mit Saugrohreinspritzung und getrennter Ein- und Auslassnockenwelle)

Bild 1
a Ansaugtakt
b Verdichtungstakt
c Arbeitstakt
d Ausstoßtakt

1 Auslassnockenwelle
2 Zündkerze
3 Einlassnockenwelle
4 Einspritzventil
5 Einlassventil
6 Auslassventil
7 Brennraum
8 Kolben
9 Zylinder
10 Pleuelstange
11 Kurbelwelle
12 Drehrichtung
M Drehmoment
α Kurbelwinkel
s Kolbenhub
V_h Hubvolumen
V_c Kompressionsvolumen

Verbrennung und Expansion zusammen. Nach der Expansion im Arbeitstakt öffnen die Auslassventile kurz vor Erreichen des unteren Totpunkts, um die unter Druck stehenden heißen Abgase aus dem Zylinder strömen zu lassen. Der sich nach dem Durchschreiten des unteren Totpunkts aufwärts zum oberen Totpunkt bewegende Kolben stößt die restlichen Abgase aus.

Danach bewegt sich der Kolben vom oberen Totpunkt (OT) abwärts in Richtung unteren Totpunkt (UT). Dadurch strömt Luft (bei der Benzin-Direkteinspritzung) bzw. Luft-Kraftstoffgemisch (bei Saugrohreinspritzung) über die geöffneten Einlassventile in den Brennraum. Über eine externe Abgasrückführung kann der im Saugrohr befindlichen Luft ein Anteil an Abgas zugemischt werden. Das Ansaugen der Frischladung wird maßgeblich von der Gestalt der Ventilhubkurven der Gaswechselventile, der Phasenstellung der Nockenwellen und dem Saugrohrdruck bestimmt.

Nach Schließen der Einlassventile wird die Verdichtung eingeleitet. Der Kolben bewegt sich in Richtung des oberen Totpunkts (OT) und reduziert somit das Brennraumvolumen. Bei homogener Betriebsart befindet sich das Luft-Kraftstoff-Gemisch bereits zum Ende des Ansaugtaktes im Brennraum und wird verdichtet. Bei der geschichteten Betriebsart, nur möglich bei Benzin-Direkteinspritzung, wird erst gegen Ende des Verdichtungstaktes der Kraftstoff eingespritzt und somit lediglich die Frischladung (Luft und Restgas) komprimiert. Bereits vor Erreichen des oberen Totpunkts leitet die Zündkerze zu einem gegebenen Zeitpunkt (durch Fremdzündung) die Verbrennung ein. Um den höchstmöglichen Wirkungsgrad zu erreichen, sollte die Verbrennung kurz nach dem oberen Totpunkt abgelaufen sein. Die im Kraftstoff chemisch gebundene Energie wird durch die Verbrennung freigesetzt und erhöht den Druck und die Temperatur der Brennraumladung, was den Kolben abwärts treibt. Nach zwei Kurbelwellenumdrehungen beginnt ein neues Arbeitsspiel.

Arbeitsprozess: Ladungswechsel und Verbrennung

Der Ladungswechsel wird üblicherweise durch Nockenwellen gesteuert, welche die Ein- und Auslassventile öffnen und schließen. Dabei werden bei der Auslegung der Steuerzeiten (Bild 2) die Druckschwingungen in den Saugkanälen zum besseren Füllen und Entleeren des Brennraums berücksichtigt. Die Kurbelwelle treibt die Nockenwelle über einen Zahnriemen, eine Kette oder Zahnräder an. Da ein durch die Nockenwellen zu steuerndes Viertakt-Arbeitsspiel zwei Kurbelwellenumdrehungen andauert, dreht sich die Nockenwelle nur halb so schnell wie die Kurbelwelle.

Ein wichtiger Auslegungsparameter für den Hochdruckprozess und die Verbrennung beim Ottomotor ist das Verdichtungsverhältnis ε, welches durch das Hubvolumen V_h und Kompressionsvolumen V_c folgendermaßen definiert ist:

$$\varepsilon = \frac{V_h + V_c}{V_c}. \quad (1)$$

Dieses hat einen entscheidenden Einfluss auf den idealen thermischen Wirkungsgrad η_{th}, da für diesen gilt:

$$\eta_{th} = 1 - \frac{1}{\varepsilon^{\kappa-1}}, \quad (2)$$

wobei κ der Adiabatenexponent ist [4]. Des Weiteren hat das Verdichtungsverhältnis Einfluss auf das maximale Drehmoment, die maximale Leistung, die Klopfneigung und die Schadstoffemissionen. Typische Werte beim Ottomotor in Abhängigkeit der Füllungssteuerung (Saugmotor, aufgeladener Motor) und der Einspritzart (Saugrohreinspritzung, Direkteinspritzung) liegen bei ca. 8 bis 13. Beim Dieselmotor liegen die Werte zwischen 14 und 22. Das Hauptsteuerelement der Verbrennung ist das Zündsignal, welches elektronisch in Abhängigkeit vom Betriebspunkt gesteuert werden kann.

Unterschiedliche Brennverfahren können auf Basis des ottomotorischen Prinzips dargestellt werden. Bei der Fremdzündung sind homogene Brennverfahren mit oder ohne Variabilitäten im Ventiltrieb (von Phase und Hub) möglich. Mit variablem Ventiltrieb wird eine Reduktion von Ladungswechselverlusten und Vorteile im Verdichtungs- und Arbeitstakt erzielt. Dies erfolgt durch erhöhte Verdünnung der Zylinderladung mit Abgas, welches mittels interner (oder auch externer) Rückführung in die Brennkammer gelangt. Diese Vorteile werden noch weiter durch das geschichtete Brennverfahren ausgenutzt. Ähnliche Potentiale kann die so genannte homogene Selbstzündung beim Ottomotor erreichen, aber mit erhöhtem Regelungsaufwand, da die Verbrennung durch reaktionskinetisch relevante Bedingungen (thermischer Zustand, Zusammensetzung) und nicht durch einen direkt steuerbaren Zündfunken initiiert wird. Hierfür werden Steuerelemente wie die Ventilsteuerung und die Benzin-Direkteinspritzung herangezogen.

Darüber hinaus werden Ottomotoren je nach Zufuhr der Frischladung in Saugmotoren- und aufgeladene Motoren unterschieden. Bei letzteren wird die maximale Luftdichte, welche zur Erreichung des maximalen Drehmomentes benötigt wird, z. B. durch eine Strömungsmaschine erhöht.

2 Steuerung im Ladungswechsel

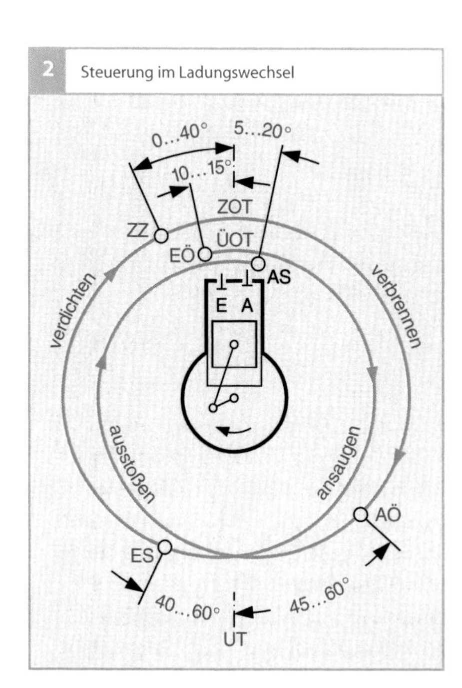

Bild 2
Im Ventilsteuerzeiten-Diagramm sind die Öffnungs- und Schließzeiten der Ein- und Auslassventile aufgetragen.
E Einlassventil
EÖ Einlassventil öffnet
ES Einlassventil schließt
A Auslassventil
AÖ Auslassventil öffnet
AS Auslassventil schließt
OT oberer Totpunkt
ÜOT Überschneidungs-OT
ZOT Zünd-OT
UT unterer Totpunkt
ZZ Zündzeitpunkt

Luftverhältnis und Abgasemissionen

Setzt man die pro Arbeitsspiel angesaugte Luftmenge m_L ins Verhältnis zur pro Arbeitsspiel eingespritzten Kraftstoffmasse m_K, so erhält man mit m_L/m_K eine Größe zur Unterscheidung von Luftüberschuss (großes m_L/m_K) und Luftmangel (kleines m_L/m_K). Der genau passende Wert von m_L/m_K für eine stöchiometrische Verbrennung hängt jedoch vom verwendeten Kraftstoff ab. Um eine kraftstoffunabhängige Größe zu erhalten, berechnet man das Luftverhältnis λ als Quotient aus der aktuellen pro Arbeitsspiel angesaugten Luftmasse m_L und der für eine stöchiometrische Verbrennung des Kraftstoffs erforderliche Luftmasse m_{Ls}, also

$$\lambda = \frac{m_L}{m_{Ls}}. \quad (3)$$

Für eine sichere Entflammung homogener Gemische muss das Luftverhältnis in engen Grenzen eingehalten werden. Des Weiteren nimmt die Flammengeschwindigkeit stark mit dem Luftverhältnis ab, so dass Ottomotoren mit homogener Gemischbildung nur in einem Bereich von $0{,}8 < \lambda < 1{,}4$ betrieben werden können, wobei der beste Wirkungs-

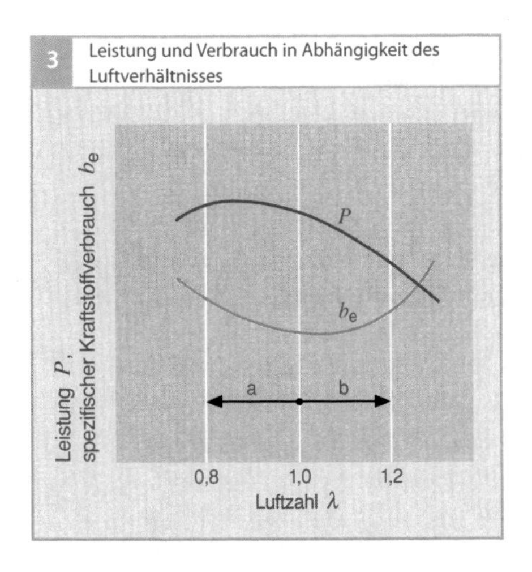

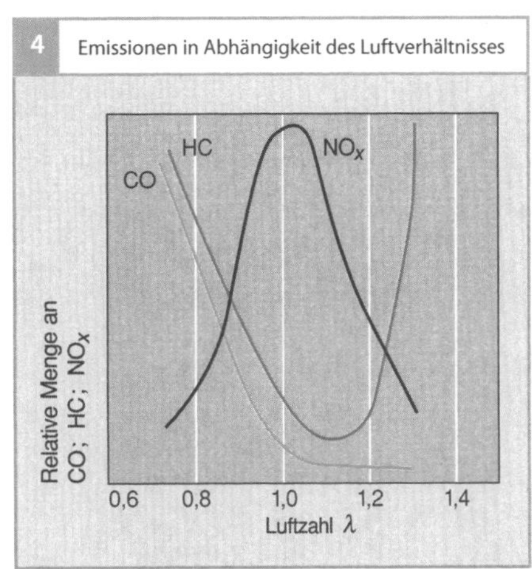

Bild 3
a fettes Gemisch (Luftmangel)
b mageres Gemisch (Luftüberschuss)

grad im homogen mageren Bereich liegt ($1,3 < \lambda < 1,4$). Für das Erreichen der maximalen Last liegt andererseits das Luftverhältnis im fetten Bereich ($0,9 < \lambda < 0,95$), welches die beste Homogenisierung und Sauerstoffoxidation erlaubt, und dadurch die schnellste Verbrennung ermöglicht (Bild 3).

Wird der Emissionsausstoß in Abhängigkeit des Luft-Kraftstoff-Verhältnisses betrachtet (Bild 4), so ist erkennbar, dass im fetten Bereich hohe Rückstände an HC und CO verbleiben. Im mageren Bereich sind HC-Rückstände aus der langsameren Verbrennung und der erhöhten Verdünnung erkennbar, sowie ein hoher NO_x-Anteil, der sein Maximum bei $1 < \lambda < 1,05$ erreicht. Zur Erfüllung der Emissionsgesetzgebung beim Ottomotor wird ein Dreiwegekatalysator eingesetzt, welcher die HC- und CO-Emissionen oxidiert und die NO_x-Emissionen reduziert. Hierfür ist ein Luft-Kraftstoff-Verhältnis von $\lambda \approx 1$ notwendig, das durch eine entsprechende Gemischregelung eingestellt wird.

Weitere Vorteile können aus dem Hochdruckprozess im mageren Bereich ($\lambda > 1$) nur mit einem geschichteten Brennverfahren gewonnen werden. Hierbei werden weiterhin HC- und CO-Emissionen im Dreiwegekatalysator oxidiert. Die NO_x-Emissionen müssen über einen gesonderten NO_x-Speicherkatalysator gespeichert und nachträglich durch Fett-Phasen reduziert oder über einen kontinuierlich reduzierenden Katalysator mittels zusätzlichem Reduktionsmittel (durch selektive katalytische Reduktion) konvertiert werden.

Gemischbildung

Ein Ottomotor kann eine äußere (mit Saugrohreinspritzung) oder eine innere Gemischbildung (mit Direkteinspritzung) aufweisen (Bild 5). Bei Motoren mit Saugrohreinspritzung liegt das Luft-Kraftstoff-Gemisch im gesamten Brennraum homogen verteilt mit dem gleichen Luftverhältnis λ vor (Bild 5a). Dabei erfolgt üblicherweise die Einspritzung ins Saugrohr oder in den Einlasskanal schon vor dem Öffnen der Einlassventile.

Neben der Gemischhomogenisierung muss das Gemischbildungssystem geringe Abweichungen von Zylinder zu Zylinder sowie von Arbeitsspiel zu Arbeitsspiel garantieren. Bei Motoren mit Direkteinspritzung sind sowohl eine homogene als auch eine heterogene Betriebsart möglich. Beim homogenen Betrieb wird eine saughubsynchrone Einspritzung durchgeführt, um eine

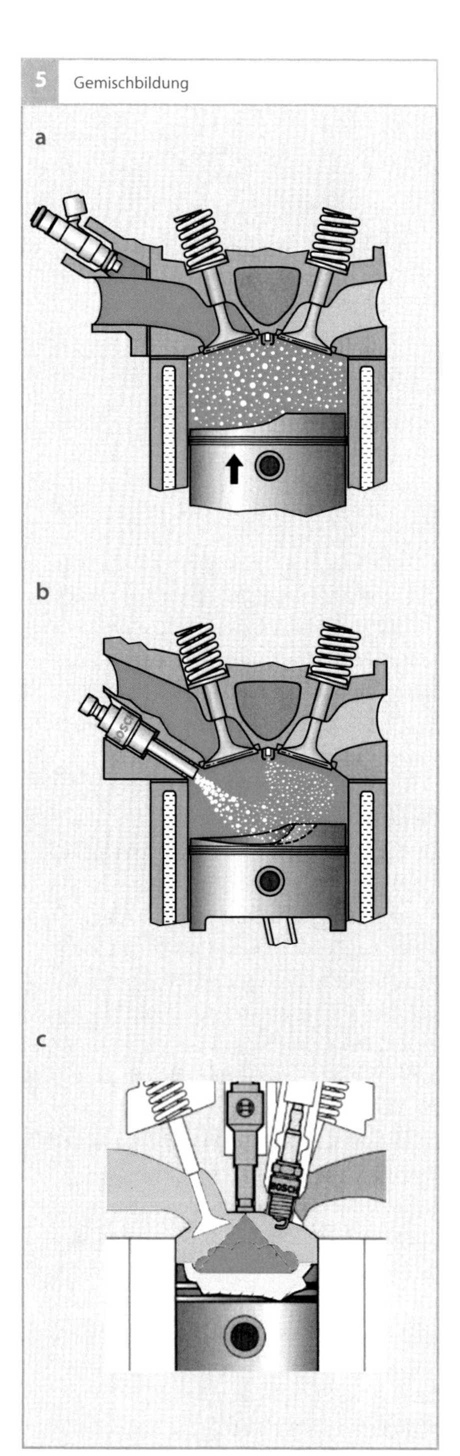

Bild 5
- a homogene Gemischverteilung (mit Saugrohreinspritzung)
- b Schichtladung, wand- und luftgeführtes Brennverfahren
- c Schichtladung, strahlgeführtes Brennverfahren

Die homogene Gemischverteilung kann sowohl mit der Saugrohreinspritzung (Bildteil a) als auch mit der Direkteinspritzung (Bildteil c) realisiert werden.

möglichst schnelle Homogenisierung zu erreichen. Beim heterogenen Schichtbetrieb befindet sich eine brennfähige Gemischwolke mit $\lambda \approx 1$ als Schichtladung zum Zündzeitpunkt im Bereich der Zündkerze. Bild 5 zeigt die Schichtladung für wand- und luftgeführte (Bild 5b) sowie für das strahlgeführte Brennverfahren (Bild 5c). Der restliche Brennraum ist mit Luft oder einem sehr mageren Luft-Kraftstoff-Gemisch gefüllt, was über den gesamten Zylinder gemittelt ein mageres Luftverhältnis ergibt. Der Ottomotor kann dann ungedrosselt betrieben werden. Infolge der Innenkühlung durch die direkte Einspritzung können solche Motoren höher verdichten. Die Entdrosselung und das höhere Verdichtungsverhältnis führen zu höheren Wirkungsgraden.

Zündung und Entflammung

Das Zündsystem einschließlich der Zündkerze entzündet das Gemisch durch eine Funkenentladung zu einem vorgegebenen Zeitpunkt. Die Entflammung muss auch bei instationären Betriebszuständen hinsichtlich wechselnder Strömungseigenschaften und lokaler Zusammensetzung gewährleistet werden. Durch die Anordnung der Zündkerze kann die sichere Entflammung insbesondere bei geschichteter Ladung oder im mageren Bereich optimiert werden.

Die notwendige Zündenergie ist grundsätzlich vom Luft-Kraftstoff-Verhältnis abhängig. Im stöchiometrischen Bereich wird die geringste Zündenergie benötigt, dagegen erfordern fette und magere Gemische eine deutlich höhere Energie für eine sichere Entflammung. Der sich einstellende Zündspannungsbedarf ist hauptsächlich von der im Brennraum herrschenden Gasdichte abhängig und steigt nahezu linear mit ihr an. Der Energieeintrag des durch den Zündfunken entflammten Gemisches muss ausreichend groß sein, um die angrenzenden Bereiche entflammen zu können und somit eine Flammenausbreitung zu ermöglichen.

Der Zündwinkelbereich liegt in der Teillast bei einem Kurbelwinkel von ca. 50 bis 40 ° vor ZOT (vgl. Bild 2) und bei Saugmotoren in der Volllast bei ca. 20 bis 10 ° vor ZOT. Bei aufgeladenen Motoren im Volllastbetrieb liegt der Zündwinkel wegen erhöhter Klopfneigung bei ca. 10 ° vor ZOT bis 10 ° nach ZOT. Üblicherweise werden im Motorsteuergerät die positiven Zündwinkel als Winkel vor ZOT definiert.

Zylinderfüllung

Eine wichtige Phase des Arbeitspiels wird von der Verbrennung gebildet. Für den Verbrennungsvorgang im Zylinder ist ein Luft-Kraftstoff-Gemisch erforderlich. Das Gasgemisch, das sich nach dem Schließen der Einlassventile im Zylinder befindet, wird als Zylinderfüllung bezeichnet. Sie besteht aus der zugeführten Frischladung (Luft und gegebenenfalls Kraftstoff) und dem Restgas (Bild 6).

Bestandteile

Die Frischladung besteht aus Luft, und bei Ottomotoren mit Saugrohreinspritzung (SRE) dem dampfförmigen oder flüssigen Kraftstoff. Bei Ottomotoren mit Benzindirekteinspritzung (BDE) wird der für das Arbeitsspiel benötigte Kraftstoff direkt in den Zylinder eingespritzt, entweder während des Ansaugtaktes für das homogene Verfahren oder – bei einer Schichtladung – im Verlauf der Kompression.

Der wesentliche Anteil an Frischluft wird über die Drosselklappe angesaugt. Zusätzliches Frischgas kann über das Kraftstoffverdunstungs-Rückhaltesystem angesaugt werden. Die nach dem Schließen der Einlassventile im Zylinder befindliche Luftmasse ist eine entscheidende Größe für die während der Verbrennung am Kolben verrichtete Arbeit und damit für das vom Motor abgegebene Drehmoment. Maßnahmen zur Steigerung des maximalen Drehmomentes und der maximalen Leistung des Motors bedingen eine Erhöhung der maximal möglichen Füllung. Die theoretische Maximalfüllung ist durch den Hubraum, die Ladungswechselaggregate und ihre Variabilität begrenzt. Bei aufgeladenen Motoren markiert der erzielbare Ladedruck zusätzlich die Drehmomentausbeute.

Aufgrund des Totvolumens verbleibt stets zu einem kleinen Teil Restgas aus dem letzten Arbeitszyklus (internes Restgas) im Brennraum. Das Restgas besteht aus Inertgas und bei Verbrennung mit Luftüberschuss (Magerbetrieb) aus unverbrannter Luft. Wichtig für die Prozessführung ist der Anteil des Inertgases am Restgas, da dieses keinen Sauerstoff mehr enthält und an der Verbrennung des folgenden Arbeitsspiels nicht teilnimmt.

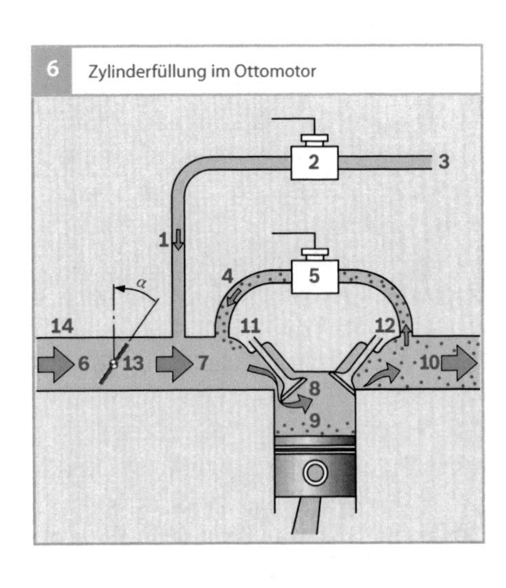

Bild 6
1 Luft- und Kraftstoffdämpfe (aus Kraftstoffverdunstungs-Rückhaltesystem)
2 Regenerierventil mit variablem Ventilöffnungsquerschnitt
3 Verbindung zum Kraftstoffverdunstungs-Rückhaltesystem
4 rückgeführtes Abgas
5 Abgasrückführventil (AGR-Ventil) mit variablem Ventilöffnungsquerschnitt
6 Luftmassenstrom (mit Umgebungsdruck p_U)
7 Luftmassenstrom (mit Saugrohrdruck p_s)
8 Frischgasfüllung (mit Brennraumdruck p_B)
9 Restgasfüllung (mit Brennraumdruck p_B)
10 Abgas (mit Abgasgegendruck p_A)
11 Einlassventil
12 Auslassventil
13 Drosselklappe
14 Ansaugrohr
α Drosselklappenwinkel

Ladungswechsel

Der Austausch der verbrauchten Zylinderfüllung gegen Frischgas wird Ladungswechsel genannt. Er wird durch das Öffnen und das Schließen der Einlass- und Auslassventile im Zusammenspiel mit der Kolbenbewegung gesteuert. Die Form und die Lage der Nocken auf der Nockenwelle bestimmen den Verlauf der Ventilerhebung und beeinflussen dadurch die Zylinderfüllung. Die Zeitpunkte des Öffnens und des Schließens der Ventile werden Ventil-Steuerzeiten genannt. Die charakteristischen Größen des Ladungswechsels werden durch Auslass-Öffnen (AÖ), Einlass-Öffnen (EÖ), Auslass-Schließen (AS), Einlass-Schließen (ES) sowie durch den maximalen Ventilhub gekennzeichnet. Realisiert werden Ottomotoren sowohl mit festen als auch mit variablem Steuerzeiten und Ventilhüben.

Die Qualität des Ladungswechsels wird mit den Größen Luftaufwand, Liefergrad und Fanggrad beschrieben. Zur Definition dieser Kennzahlen wird die Frischladung herangezogen. Bei Systemen mit Saugrohreinspritzung entspricht diese dem frisch eintretenden Luft-Kraftstoff-Gemisch, bei Ottomotoren mit Benzindirekteinspritzung und Einspritzung in den Verdichtungstakt (nach ES) wird die Frischladung lediglich durch die angesaugte Luftmasse bestimmt. Der Luftaufwand beschreibt die gesamte während des Ladungswechsels durchgesetzte Frischladung bezogen auf die durch das Hubvolumen maximal mögliche Zylinderladung. Im Luftaufwand kann somit zusätzlich jene Masse an Frischladung enthalten sein, welche während einer Ventilüberschneidung direkt in den Abgastrakt überströmt. Der Liefergrad hingegen stellt das Verhältnis der im Zylinder tatsächlich verbliebenen Frischladung nach Einlass-Schließen zur theoretisch maximal möglichen Ladung dar. Der Fangrad, definiert als das Verhältnis von Liefergrad zum Luftaufwand, gibt den Anteil der durchgesetzten Frischladung an, welcher nach Abschluss des Ladungswechsels im Zylinder eingeschlossen wird. Zusätzlich ist als weitere wichtige Größe für die Beschreibung der Zylinderladung der Restgasanteil als das Verhältnis aus der sich zum Einlassschluss im Zylinder befindlichen Restgasmasse zur gesamt eingeschlossenen Masse an Zylinderladung definiert.

Um im Ladungswechsel das Abgas durch das Frischgas zu ersetzen, ist ein Arbeitsaufwand notwendig. Dieser wird als Ladungswechsel- oder auch Pumpverlust bezeichnet. Die Ladungswechselverluste verbrauchen einen Teil der umgewandelten mechanischen Energie und senken daher den effektiven Wirkungsgrad des Motors. In der Ansaugphase, also während der Abwärtsbewegung des Kolbens, ist im gedrosselten Betrieb der Saugrohrdruck kleiner als der Umgebungsdruck und insbesondere kleiner als der Druck im Kurbelgehäuse (Kolbenrückraum). Zum Ausgleich dieser Druckdifferenz wird Energie benötigt (Drosselverluste). Insbesondere bei hohen Drehzahlen und Lasten (im entdrosselten Betrieb) tritt beim Ausstoßen des verbrannten Gases während der Aufwärtsbewegung des Kolbens ein Staudruck im Brennraum auf, was wiederum zu zusätzlichen Energieverlusten führt, welche Ausschiebeverluste genannt werden.

Steuerung der Luftfüllung

Der Motor saugt die Luft über den Luftfilter und den Ansaugtrakt an (Bilder 7 und 8), wobei die Drosselklappe aufgrund ihrer Verstellbarkeit für eine dosierte Luftzufuhr sorgt und somit das wichtigste Stellglied für den Betrieb des Ottomotors darstellt. Im weiteren Verlauf des Ansaugtraktes erfährt der angesaugte Luftstrom die Beimischung von Kraftstoffdampf aus dem Kraftstoffverdunstungs-Rückhaltesystem sowie von rückgeführtem Abgas (AGR). Mit diesem kann zur Entdrosselung des Arbeitsprozesses – und damit einer Wirkungsgradsteigerung im Teillastbereich – der Anteil des Restgases an der Zylinderfüllung erhöht werden. Die äußere Abgasrückführung führt das ausgestoßene Restgas vom Abgassystem zurück in den Saugkanal. Dabei kann ein zusätzlich installierter AGR-Kühler das rückgeführte Abgas vor dem Eintritt in das Saugrohr auf ein niedrigeres Temperaturniveau kühlen und damit die Dichte der Frischladung erhöhen. Zur Dosierung der äußeren Abgasrückführung wird ein Stellventil verwendet.

Der Restgasanteil der Zylinderladung kann jedoch im großen Maße ebenfalls durch die Menge der im Zylinder verbleibenden Restgasmasse geändert werden. Zu deren Steuerung können Variabilitäten im Ventiltrieb eingesetzt werden. Zu nennen sind hier insbesondere Phasensteller der Nockenwellen, durch deren Anwendung die Steuerzeiten im breiten Bereich beeinflusst werden können und dadurch das Einbehalten einer gewünschten Restgasmasse ermöglichen. Durch eine Ventilüberschneidung kann beispielsweise der Restgasanteil für das folgende Arbeitsspiel wesentlich beeinflusst werden. Während der Ventilüberschneidung sind Ein- und Auslassventil gleichzeitig geöffnet, d. h., das Einlassventil öffnet, bevor das Auslassventil schließt. Ist in der Überschneidungsphase der Druck im Saugrohr niedriger als im Abgastrakt, so tritt eine Rückströmung des Restgases in das Saugrohr auf. Da das so ins Saugrohr gelangte Restgas nach dem Auslass-Schließen wieder angesaugt wird, führt dies zu einer Erhöhung des Restgasgehalts.

Der Einsatz von variablen Ventiltrieben ermöglicht darüber hinaus eine Vielzahl an Verfahren, mit welchen sich die spezifische Leistung und der Wirkungsgrad des Ottomotors weiter steigern lassen. So ermöglicht eine verstellbare Einlassnockenwelle beispielsweise die Anpassung der Steuerzeit für die Einlassventile an die sich mit der Drehzahl veränderliche Gasdynamik des Saugtraktes, um in Volllastbetrieb die optimale Füllung der Zylinder zu ermöglichen.

Zur Wirkungsgradsteigerung im gedrosselten Betrieb bei Teillast ist zudem die Anwendung vom späten oder frühen Schließen der Einlassventile möglich. Beim Atkinson-Verfahren wird durch spätes Schließen der Einlassventile ein Teil der angesaugten Ladung wieder aus dem Zylinder in das Saugrohr verdrängt. Um die Ladungsmasse der Standardsteuerzeit im Zylinder einzuschließen, wird der Motor weiter entdrosselt und damit der Wirkungsgrad erhöht. Aufgrund der langen Öffnungsdauer der Einlassventile beim Atkinson-Verfahren können insbesondere bei Saugmotoren zudem gasdynamische Effekte ausgenutzt werden.

Das Miller-Verfahren hingegen beschreibt ein frühes Schließen der Einlassventile. Dadurch wird die im Zylinder eingeschlossene Ladung im Fortgang der Abwärtsbewegung des Kolbens (Saugtakt) expandiert. Verglichen mit der Standard-Steuerzeit erfolgt die darauf folgende Kompression auf einem niedrigeren Druck- und Temperaturniveau. Um das gleiche Moment zu erzeugen und hierfür die gleiche Masse an Frischladung im Zylinder einzuschließen, muss der Arbeitsprozess (wie auch beim Atkinson-Verfahren) entdrosselt werden, was den Wirkungsgrad erhöht. Aufgrund der weitgehenden Bremsung der Ladungsbewegung während der Expansion vor dem Verdichtungstakt wird allerdings die Verbrennung verlangsamt und das theoretische Wirkungsgradpotential daher zum großen Teil wieder kompensiert. Da beide Verfahren die Temperatur der Zylinderladung während der Kompression senken, können sie insbesondere bei aufgeladenen Ottomotoren an der Volllast ebenfalls

7 Strukturbild eines Ottomotors mit Saugrohreinspritzung ohne Aufladung einschließlich Komponenten für die elektronische Steuerung und Regelung

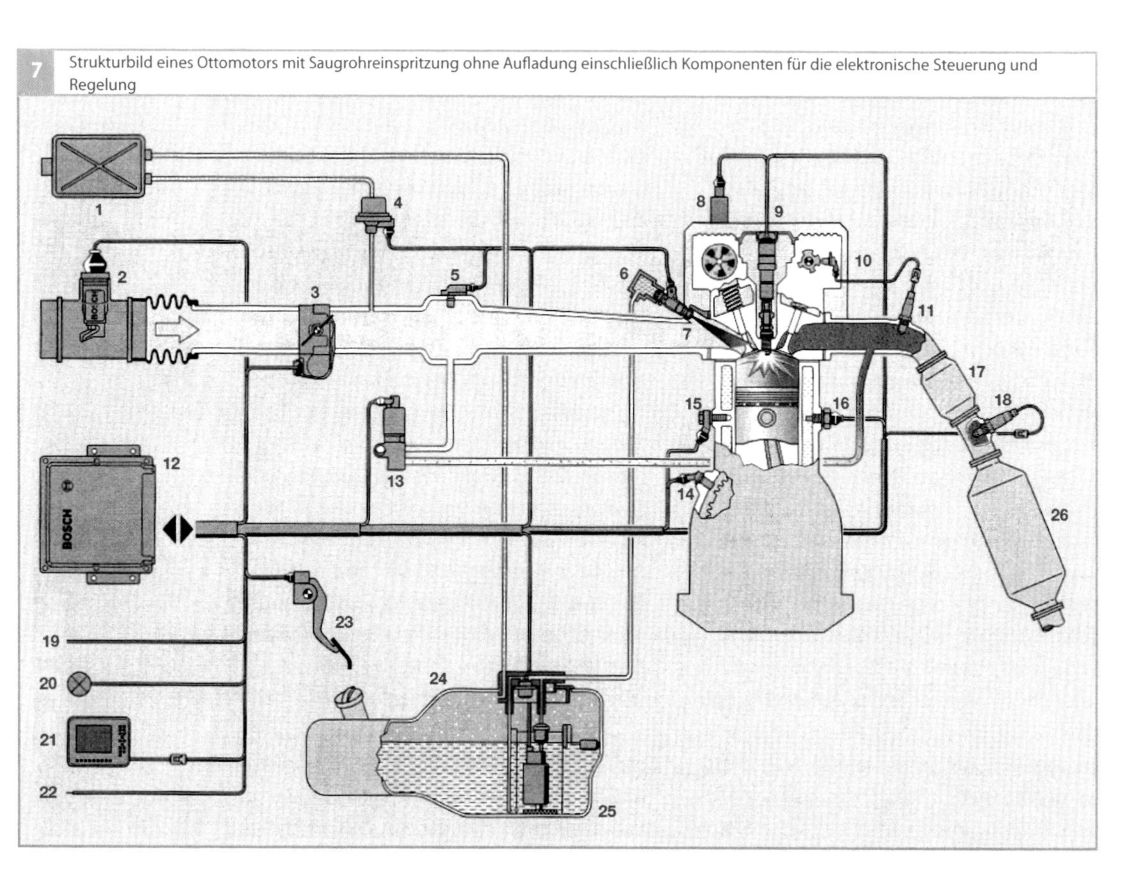

Bild 7
1 Aktivkohlebehälter
2 Heißfilm-Luftmassenmesser (HFM) mit integriertem Temperatursensor
3 Drosselvorrichtung (EGAS)
4 Tankentlüftungsventil
5 Saugrohrdrucksensor
6 Kraftstoffverteilerstück
7 Einspritzventil
8 Aktoren und Sensoren für variable Nockenwellensteuerung
9 Zündkerze mit aufgesteckter Zündspule
10 Nockenwellen-Phasensensor
11 λ-Sonde vor dem Vorkatalysator
12 Motorsteuergerät
13 Abgasrückführventil
14 Drehzahlsensor
15 Klopfsensor
16 Motortemperatursensor
17 Vorkatalysator (Dreiwegekatalysator)
18 λ-Sonde nach dem Vorkatalysator
19 CAN-Schnittstelle
20 Motorkontrollleuchte
21 Diagnoseschnittstelle
22 Schnittstelle zur Wegfahrsperre
23 Fahrpedalmodul mit Pedalwegsensor
24 Kraftstoffbehälter
25 Tankeinbaueinheit mit Elektrokraftstoffpumpe, Kraftstofffilter und Kraftstoffregler
26 Hauptkatalysator (Dreiwegekatalysator)

Der in Bild 7 dargestellte Systemumfang bezüglich der On-Board-Diagnose entspricht den Anforderungen der EOBD.

zur Senkung der Klopfneigung und damit zur Steigerung der spezifischen Leistung verwendet werden.

Die Anwendung variabler Ventihubverfahren ermöglicht durch die Darstellung von Teilhüben der Einlassventile ebenfalls eine Entdrosselung des Motors an der Drosselklappe und damit eine Wirkungsgradsteigerung. Zudem kann durch unterschiedliche Hubverläufe der Einlassventile eines Zylinders die Ladungsbewegung deutlich erhöht werden, was insbesondere im Bereich niedriger Lasten die Verbrennung deutlich stabilisiert und damit die Anwendung hoher Restgasraten erleichtert. Eine weitere Möglichkeit zur Steuerung der Ladungsbewegung bilden Ladungsbewegungsklappen, welche durch ihre Stellung im Saugkanal des

8 Strukturbild eines aufgeladenen Ottomotors mit Direkteinspritzung einschließlich Komponenten für die elektronische Steuerung und Regelung

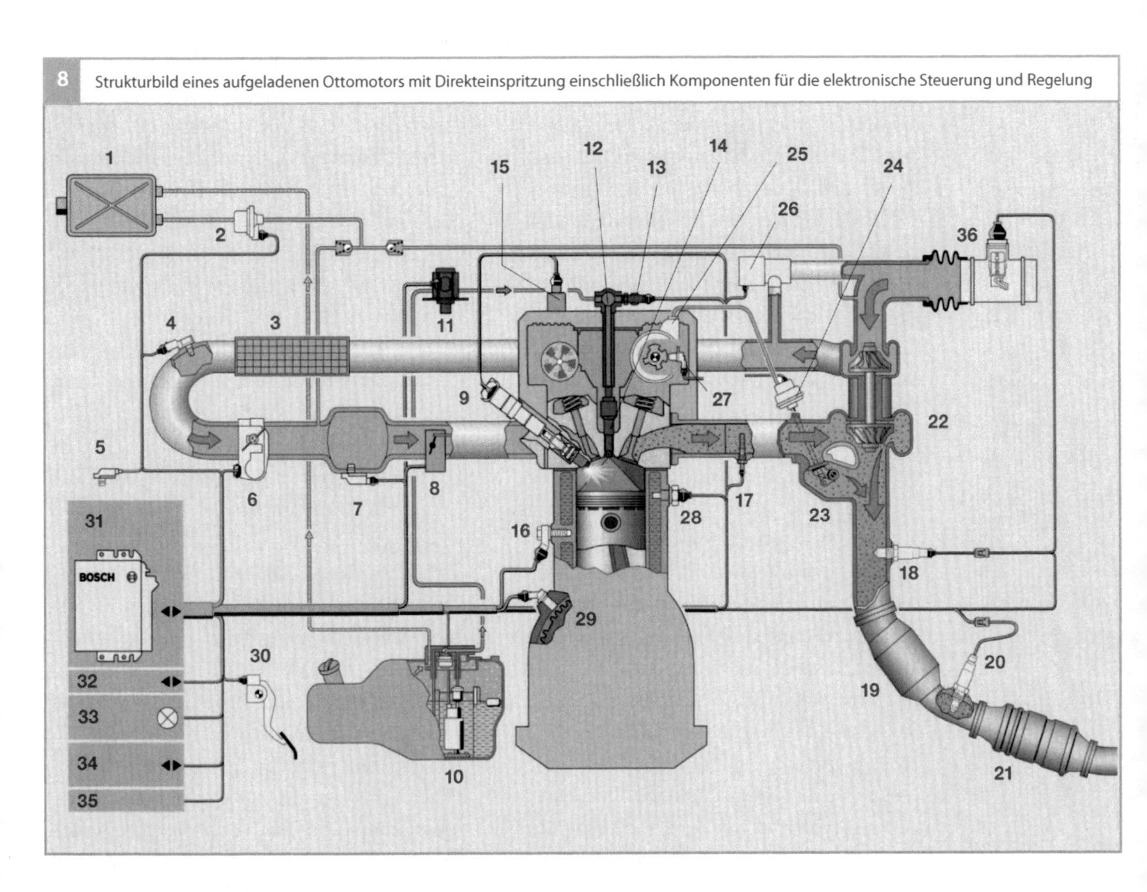

Zylinderkopfs die Strömungsbewegung beeinflussen. Allerdings ergibt sich hier aufgrund der höheren Strömungsverluste auch eine Steigerung der Ladungswechselarbeit.

Insgesamt lassen sich durch die Anwendung variabler Ventiltriebe, welche eine Kombination aus Steuerzeit- und Ventilhubverstellung bis hin zu voll-variablen Systemen umfassen, beträchtliche Steigerungen der spezifischen Leistung sowie des Wirkungsgrades erreichen. Auch die Anwendung eines geschichteten Brennverfahrens erlaubt aufgrund des hohen Luftüberschusses einen weitgehend ungedrosselten Betrieb, welcher insbesondere in der Teillast des Ottomotors zur einer erheblichen Steigerung des effektiven Wirkungsgrades führt.

Bild 8
1 Aktivkohlebehälter
2 Tankentlüftungsventil
3 Heißfilm-Luftmassenmesser
4 kombinierter Ladedruck- und Ansauglufttemperatursensor
5 Umgebungsdrucksensor
6 Drosselvorrichtung (EGAS)
7 Saugrohrdurcksensor
8 Ladungsbewegungsklappe
9 Zündspule mit Zündkerze
10 Kraftstofffördermodul mit Elektrokraftstoffpumpe
11 Hochdruckpumpe
12 Kraftstoff-Verteilerrohr
13 Hochdrucksensor
14 Hochdruck-Einspritzventil
15 Nockenwellenversteller
16 Klopfsensor
17 Abgastemperatursensor
18 λ-Sonde
19 Vorkatalysator
20 λ-Sonde
21 Hauptkatalysator
22 Abgasturbolader
23 Waste-Gate
24 Waste-Gate-Steller
25 Vakuumpumpe
26 Schub-Umluftventil
27 Nockenwellen-Phasensensor
28 Motortemperatursensor
29 Drehzahlsensor
30 Fahrpedalmodul
31 Motorsteuergerät
32 CAN-Schnittstelle
33 Motorkontrollleuchte
34 Diagnoseschnittstelle
35 Schnittstelle zur Wegfahrsperre

Das bei homogener, stöchiometrischer Gemischverteilung erreichbare Drehmoment ist proportional zu der Frischgasfüllung. Daher kann das maximale Drehmoment lediglich durch die Verdichtung der Luft vor Eintritt in den Zylinder (Aufladung) gesteigert werden. Mit der Aufladung kann der Liefergrad, bezogen auf Normbedingungen, auf Werte größer als eins erhöht werden. Eine Aufladung kann bereits allein durch Nutzung gasdynamischer Effekte im Saugrohr erzielt werden (gasdynamische Aufladung). Der Aufladungsgrad hängt von der Gestaltung des Saugrohrs sowie vom Betriebspunkt des Motors ab, im Wesentlichen von der Drehzahl, aber auch von der Füllung. Mit der Möglichkeit, die Saugrohrgeometrie während des Fahrbetriebs beispielsweise durch eine variable Saugrohrlänge zu ändern, kann die gasdynamische Aufladung in einem weiten Betriebsbereich für eine Steigerung der maximalen Füllung herangezogen werden.

Eine weitere Erhöhung der Luftdichte erzielen mechanisch angetriebene Verdichter bei der mechanischen Aufladung, welche von der Kurbelwelle des Motors angetrieben werden. Die komprimierte Luft wird dabei durch das Ansaugsystem, welches dann zugunsten eines schnellen Ansprechverhaltens des Motors mit kleinem Sammlervolumen und kurzen Saugrohrlängen ausgeführt wird, in die Zylinder gepumpt.

Bei der Abgasturboaufladung wird im Unterschied zur mechanischen Aufladung der Verdichter des Abgasturboladers nicht von der Kurbelwelle angetrieben, sondern von einer Abgasturbine, welche sich im Abgastrakt befindet und die Enthalpie des Abgases ausnutzt. Die Enthalpie des Abgases kann zusätzlich erhöht werden, in dem durch die Anwendung einer Ventilüberschneidung ein Teil der Frischladung durch die Zylinder gespült (Scavenging) und damit der Massenstrom an der Abgasturbine erhöht wird. Zusätzlich sorgt eine hohe Spülrate für niedrige Restgasanteile. Da bei Motoren mit Abgasturboaufladung im unteren Drehzahlbereich an der Volllast ein positives Druckgefälle über dem Zylinder gut eingestellt werden kann, erhöht dieses Verfahren wesentlich das maximale Drehmoment in diesem Betriebsbereich (Low-End-Torque).

Füllungserfassung und Gemischregelung

Beim Ottomotor wird die zugeführte Kraftstoffmenge in Abhängigkeit der angesaugten Luftmasse eingestellt. Dies ist nötig, weil sich nach einer Änderung des Drosselklappenwinkels die Luftfüllung erst allmählich ändert, während die Kraftstoffmenge arbeitsspielindividuell variiert werden kann. In der Motorsteuerung muss daher für jedes Arbeitsspiel je nach der Betriebsart (Homogen, Homogen-mager, Schichtbetrieb) die aktuell vorhandene Luftmasse bestimmt werden (durch Füllungserfassung). Es gibt grundsätzlich drei Verfahren, mit welchen dies erfolgen kann. Das erste Verfahren arbeitet folgendermaßen: Über ein Kennfeld wird in Abhängigkeit von Drosselklappenwinkel α und Drehzahl n der Volumenstrom bestimmt, der über geeignete Korrekturen in einem Luftmassenstrom umgerechnet wird. Die auf diesem Prinzip arbeitenden Systeme heißen α-n-Systeme.

Beim zweiten Verfahren wird über ein Modell (Drosselklappenmodell) aus der Temperatur vor der Drosselklappe, dem Druck vor und nach der Drosselklappe sowie der Drosselklappenstellung (Winkel α) der Luftmassenstrom berechnet. Als Erweiterung dieses Modells kann zusätzlich aus der Motordrehzahl n, dem Druck p im Saugrohr (vor dem Einlassventil), der Temperatur im Einlasskanal und weiteren Einflüssen (Nockenwellen- und Ventilhubverstellung, Saugrohrumschaltung, Position der Ladungsbewegungsklappe) die vom Zylinder angesaugte Frischluft berechnet werden. Nach diesem Prinzip arbeitende Systeme werden *p-n*-Systeme genannt. Je nach Komplexität des Motors, insbesondere die Variabilitäten des Ventiltriebs betreffend, können hierfür aufwendige Modelle notwendig sein. Das dritte Verfahren besteht darin, dass ein Heißfilm-Luftmassenmesser (HFM) direkt den in das Saugrohr einströmenden Luftmassenstrom misst. Weil mittels eines Heißfilm-Luftmassenmessers oder eines Drosselklappenmodells nur der in das Saugrohr einfließende Massenstrom bestimmt werden kann, liefern diese beiden Systeme nur im stationären Motorbetrieb einen gültigen Wert für die Zylinderfüllung. Ein stationärer Betrieb setzt die Annahme eines konstanten Saugrohrdrucks voraus, so dass die dem Saugrohr zufließenden und den Motor verlassenden Luftmassenströme identisch sind. Die Anwendung sowohl des Heißfilm-Luftmassenmessers als auch des Drosselklappenmodells liefert bei einem plötzlichen Lastwechsel (d. h. bei einer plötzlichen Änderung des Drosselklappenwinkels) eine augenblickliche Änderung des dem Saugrohr zufließenden Massenstroms, während sich der in den Zylinder eintretende Massenstrom und damit die Zylinderfüllung erst ändern, wenn sich der Saugrohrdruck erhöht oder erniedrigt hat. Daher muss für die richtige Abbildung transienter Vorgänge entweder das *p-n*-System verwendet oder eine zusätzliche Modellierung des Speicherverhaltens im Saugrohr (Saugrohrmodell) erfolgen.

Kraftstoffe

Für den ottomotorischen Betrieb werden Kraftstoffe benötigt, welche aufgrund ihrer Zusammensetzung eine niedrige Neigung zur Selbstzündung (hohe Klopffestigkeit) aufweisen. Andernfalls kann die während

Tabelle 1
Eigenschaftswerte flüssiger Kraftstoffe. Die Viskosität bei 20 °C liegt für Benzin bei etwa 0,6 mm²/s, für Methanol bei etwa 0,75 mm²/s

Stoff	Dichte in kg/*l*	Hauptbestandteile in Gewichtsprozent	Siedetemperatur in °C	Spezifische Verdampfungswärme in kJ/kg	Spezifischer Heizwert in MJ/kg	Zündtemperatur in °C	Luftbedarf, stöchiometrisch in kg/kg	Zündgrenze untere (in Volumenprozent Gas in Luft)	Zündgrenze obere (in Volumenprozent Gas in Luft)
Ottokraftstoff									
Normal	0,720...0,775	86 C, 14 H	25...210	380...500	41,2...41,9	≈ 300	14,8	≈ 0,6	≈ 8
Super	0,720...0,775	86 C, 14 H	25...210	–	40,1...41,6	≈ 400	14,7	–	–
Flugbenzin	0,720	85 C, 15 H	40...180	–	43,5	≈ 500	–	≈ 0,7	≈ 8
Kerosin	0,77...0,83	87 C, 13 H	170...260	–	43	≈ 250	14,5	≈ 0,6	≈ 7,5
Dieselkraftstoff	0,820...0,845	86 C, 14 H	180...360	≈ 250	42,9...43,1	≈ 250	14,5	≈ 0,6	≈ 7,5
Ethanol C_2H_5OH	0,79	52 C, 13 H, 35 O	78	904	26,8	420	9	3,5	15
Methanol CH_3OH	0,79	38 C, 12 H, 50 O	65	1 110	19,7	450	6,4	5,5	26
Rapsöl	0,92	78 C, 12 H, 10 O	–	–	38	≈ 300	12,4	–	–
Rapsölmethylester (Biodisesel)	0,88	77 C, 12 H, 11 O	320...360	–	36,5	283	12,8	–	–

Stoff	Dichte bei 0 °C und 1 013 mbar in kg/m³	Hauptbestandteile in Gewichtsprozent	Siedetemperatur bei 1 013 mbar in °C	Spezifischer Heizwert		Zündtemperatur in °C	Luftbedarf, stöchiometrisch in kg/kg	Zündgrenze	
				Kraftstoff in MJ/kg	Luft-Kraftstoff-Gemisch in MJ/m³			untere	obere
								in Volumenprozent Gas in Luft	
Flüssiggas (Autogas)	2,25	C_3H_8, C_4H_{10}	−30	46,1	3,39	≈ 400	15,5	1,5	15
Erdgas H (Nordsee)	0,83	87 CH_4, 8 C_2H_6, 2 C_3H_8, 2 CO_2, 1 N_2	−162 (CH_4)	46,7	-	584	16,1	4,0	15,8
Erdgas H (Russland)	0,73	98 CH_4, 1 C_2H_6, 1 N_2	−162 (CH_4)	49,1	3,4	619	16,9	4,3	16,2
Erdgas L	0,83	83 CH_4, 4 C_2H_6, 1 C_3H_8, 2 CO_2, 10 N_2	−162 (CH_4)	40,3	3,3	≈ 600	14,0	4,6	16,0

Tabelle 2
Eigenschaftswerte gasförmiger Kraftstoffe. Das als Flüssiggas bezeichnete Gasgemisch ist bei 0 °C und 1 013 mbar gasförmig; in flüssiger Form hat es eine Dichte von 0,54 kg/l.

der Kompression nach einer Selbstzündung erfolgte, schlagartige Umsetzung der Zylinderladung zu mechanischen Schäden des Ottomotors bis hin zu seinem Totalausfall führen. Die Klopffestigkeit eines Ottokraftstoffes wird durch die Oktanzahl beschrieben. Die Höhe der Oktanzahl bestimmt die spezifische Leistung des Ottomotors. An der Volllast wird aufgrund der Gefahr von Motorschäden die Lage der Verbrennung durch das Motorsteuergerät über einen Zündwinkeleingriff (durch die Klopfregelung) so eingestellt, dass – durch Senkung der Verbrennungstemperatur durch eine späte Lage der Verbrennung – keine Selbstzündung der Frischladung erfolgt. Dies begrenzt jedoch das nutzbare Drehmoment des Motors. Je höher die verwendete Oktanzahl ist, desto höher fällt, bei einer entsprechenden Bedatung des Motorsteuergeräts, die spezifische Leistung aus.

In den Tabellen 1 und 2 sind die Stoffwerte der wichtigsten Kraftstoffe zusammengefasst. Verwendung findet meist Benzin, welches durch Destillation aus Rohöl gewonnen und zur Steigerung der Klopffestigkeit mit geeigneten Komponenten versetzt wird. So wird bei Benzinkraftstoffen in Deutschland zwischen Super und Super-Plus unterschieden, einige Anbieter haben ihre Super-Plus-Kraftstoffe durch 100-Oktan-Benzine ersetzt. Seit Januar 2011 enthält der Super-Kraftstoff bis zu 10 Volumenprozent Ethanol (E10), alle anderen Sorten sind mit max. 5 Volumenprozent Ethanol (E5) versetzt. Die Abkürzung E10 bezeichnet dabei einen Ottokraftstoff mit einem Anteil von 90 Volumenprozent Benzin und 10 Volumenprozent Ethanol. Die ottomotorische Verwendung von reinen Alkoholen (Methanol M100, Ethanol E100) ist bei Verwendung geeigneter Kraftstoffsysteme und speziell adaptierter Motoren möglich, da aufgrund des höheren Sauerstoffgehalts ihre Oktanzahl die des Benzins übersteigt.

Auch der Betrieb mit gasförmigen Kraftstoffen ist beim Ottomotor möglich. Verwendung findet als serienmäßige Ausstattung (in bivalenten Systemen mit Benzin- und Gasbetrieb) in Europa meist Erdgas

(Compressed Natural Gas CNG), welches hauptsächlich aus Methan besteht. Aufgrund des höheren Wasserstoff-Kohlenstoff-Verhältnisses entsteht bei der Verbrennung von Erdgas weniger CO_2 und mehr Wasser als bei Verbrennung von Benzin. Ein auf Erdgas eingestellter Ottomotor erzeugt bereits ohne weitere Optimierung ca. 25 % weniger CO_2-Emissionen als beim Einsatz von Benzin. Durch die sehr hohe Oktanzahl (ROZ 130) eignet sich der mit Erdgas betriebene Ottomotor ideal zur Aufladung und lässt zudem eine Erhöhung des Verdichtungsverhältnisses zu. Durch den monovalenten Gaseinsatz in Verbindung mit einer Hubraumverkleinerung (Downsizing) kann der effektive Wirkungsgrad des Ottomotors erhöht und seine CO_2-Emission gegenüber dem konventionellen Benzin-Betrieb maßgeblich verringert werden.

Häufig, insbesondere in Anlagen zur Nachrüstung, wird Flüssiggas (Liquid Petroleum Gas LPG), auch Autogas genannt, eingesetzt. Das verflüssigte Gasgemisch besteht aus Propan und Butan. Die Oktanzahl von Flüssiggas liegt mit ROZ 120 deutlich über dem Niveau von Super-Kraftstoffen, bei seiner Verbrennung entstehen ca. 10 % weniger CO_2-Emissionen als im Benzinbetrieb.

Auch die ottomotorische Verbrennung von reinem Wasserstoff ist möglich. Aufgrund des Fehlens an Kohlenstoff entsteht bei der Verbrennung von Wasserstoff kein Kohlendioxid, als „CO_2-frei" darf dieser Kraftstoff dennoch nicht gelten, wenn bei seiner Herstellung CO_2 anfällt. Aufgrund seiner sehr hohen Zündwilligkeit ermöglicht der Betrieb mit Wasserstoff eine starke Abmagerung und damit eine Steigerung des effektiven Wirkungsgrades des Ottomotors.

9 Hemisphärische Flammenausbreitung im Brennraum bei der turbulenten vorgemischten Verbrennung

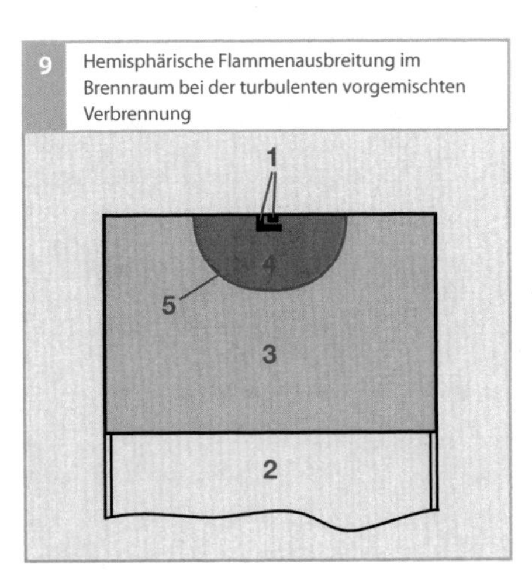

Bild 9
1 Elektroden der Zündkerze
2 Kolben
3 Gemisch mit λ_g
4 Verbranntes Gas mit $\lambda_v \approx \lambda_g$
5 Flammenfront

λ bezeichnet die Luftzahl.

Verbrennung

Turbulente vorgemischte Verbrennung

Das homogene Brennverfahren stellt die Referenz bei der ottomotorischen Verbrennung dar. Dabei wird ein stöchiometrisches, homogenes Gemisch während der Verdichtungsphase durch einen Zündfunken entflammt. Der daraus entstehende Flammkern geht in eine turbulente, vorgemischte Verbrennung mit sich nahezu hemisphärisch (halbkugelförmig) ausbreitender Flammenfront über (Bild 9).

Hierzu wird eine zunächst laminare Flammenfront, deren Fortschrittgeschwindigkeit von Druck, Temperatur und Zusammensetzung des Unverbrannten abhängt, durch viele kleine, turbulente Wirbel zerklüftet. Dadurch vergrößert sich die Flammenoberfläche deutlich. Das wiederum erlaubt einen erhöhten Frischladungseintrag in die Reaktionszone und somit eine deutliche Erhöhung der Flammenfortschrittsgeschwindigkeit. Hieraus ist ersichtlich, dass die Turbulenz der Zylinderladung einen sehr relevanten Faktor zur Verbrennungsoptimierung darstellt.

10 Hemisphärische Flammenausbreitung im Brennraum bei der turbulenten vorgemischten teildiffusiven Verbrennung

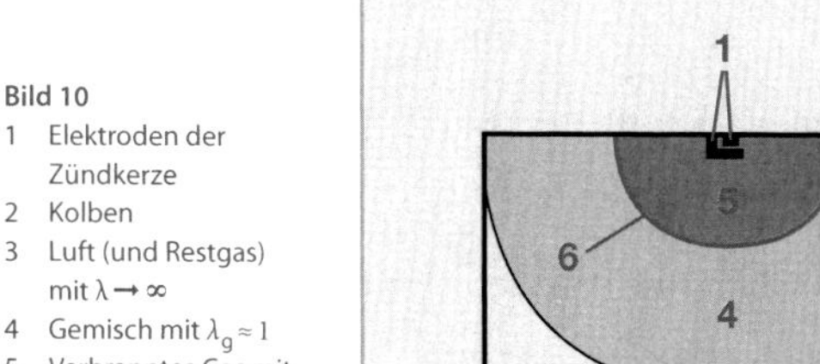

Bild 10
1 Elektroden der Zündkerze
2 Kolben
3 Luft (und Restgas) mit $\lambda \rightarrow \infty$
4 Gemisch mit $\lambda_g \approx 1$
5 Verbranntes Gas mit $\lambda_v \approx 1$
6 Flammenfront

Über den gesamten Brennraum gemittelt ergibt sich eine Luftzahl über eins.

Turbulente vorgemischte teildiffusive Verbrennung

Zur Senkung des Kraftstoffverbrauchs und somit der CO_2-Emission ist das Verfahren der geschichteten Fremdzündung beim Ottomotor, auch Schichtbetrieb genannt, ein vielversprechender Ansatz.

Bei der geschichteten Fremdzündung wird im Extremfall lediglich die Frischluft verdichtet und erst in Nähe des oberen Totpunkts der Kraftstoff eingespritzt sowie zeitnah von der Zündkerze gezündet. Dabei entsteht eine geschichtete Ladung, welche idealerweise in der Nähe der Zündkerze ein Luft-Kraftstoff-Verhältnis von $\lambda \approx 1$ besitzt, um die optimalen Bedingungen für die Entflammung und Verbrennung zu ermöglichen (Bild 10). In der Realität jedoch ergeben sich aufgrund der stochastischen Art der Zylinderinnenströmung sowohl fette als auch magere Gemisch-Zonen in der Nähe der Zündkerze. Dies erfordert eine höhere geometrische Genauigkeit in der Abstimmung der idealen Injektor- und Zündkerzenposition, um die Entflammungsrobustheit sicher zu stellen.

Nach erfolgter Zündung stellt sich eine überwiegend turbulente, vorgemischte Verbrennung ein, und zwar dort, wo der Kraftstoff schon verdampft innerhalb eines Luft-Kraftstoff-Gemisches vorliegt. Des Weiteren verläuft die Umsetzung eines Teils des Kraftstoffs an der Luft-Kraftstoff-Grenze verdampfender Tropfen als diffusive Verbrennung. Ein weiterer wichtiger Effekt liegt beim Verbrennungsende. Hierbei erreicht die Flamme sehr magere Bereiche, die früher ins Quenching führen, d. h. in den Zustand, bei welchem die thermodynamischen Bedingungen wie Temperatur und Gemischqualität nicht mehr ausreichen, die Flamme weiter fortschreiten zu lassen. Hieraus können sich erhöhte HC- und CO-Emissionen ergeben. Die NO_x-Bildung ist für dieses entdrosselte und verdünnte Brennverfahren im Vergleich zur homogenen stöchiometrischen Verbrennung relativ gering. Der Dreiwegekatalysator ist jedoch wegen des mageren Abgases nicht in der Lage, selbst die geringe NO_x-Emission zu reduzieren. Dies macht eine spezifische Nachbehandlung der Abgase erforderlich, z. B. durch den Einsatz eines NO_x-Speicherkatalysators oder durch die Anwendung der selektiven katalytischen Reduktion unter Verwendung eines geeigneten Reduktionsmittels.

Homogene Selbstzündung

Vor dem Hintergrund einer verschärften Abgasgesetzgebung bei gleichzeitiger Forderung nach geringem Kraftstoffverbrauch ist das Verfahren der homogenen Selbstzündung beim Ottomotor, auch HCCI (Homogeneous Charge Compression Ignition) genannt, eine weitere interessante Alternative. Bei diesem Brennverfahren wird ein stark mit Luft oder Abgas verdünntes Kraftstoffdampf-Luft-Gemisch im Zylinder bis zur Selbstzündung verdichtet. Die Verbrennung erfolgt als Volumenreaktion ohne Ausbildung einer turbulenten Flammenfront oder einer Diffusionsverbrennung (Bild 11).

Die thermodynamische Analyse des Arbeitsprozesses verdeutlicht die Vorteile des HCCI-Verfahrens gegenüber der Anwendung anderer ottomotorischer Brennverfahren mit konventioneller Fremdzündung: Die Entdrosselung (hoher Massenanteil, der am thermodynamischen Prozess teilnimmt und drastische Reduktion der Ladungswechselverluste), kalorische Vorteile bedingt durch die Niedrigtemperatur-Umsetzung und die schnelle Wärmefreisetzung führen zu einer Annäherung an den idealen Gleichraumprozess und somit zur Steigerung des thermischen Wirkungsgrades. Da die Selbstzündung und die Verbrennung an unterschiedlichen Orten im Brennraum gleichzeitig beginnen, ist die Flammenausbreitung im Gegensatz zum fremdgezündeten Betrieb nicht von lokalen Randbedingungen abhängig, so dass geringere Zyklusschwankungen auftreten.

Die kontrollierte Selbstzündung bietet die Möglichkeit, den Wirkungsgrad des Arbeitsprozesses unter Beibehaltung des klassischen Dreiwegekatalysators ohne zusätzliche Abgasnachbehandlung zu steigern. Die überwiegend magere Niedrigtemperatur-Wärmefreisetzung bedingt einen sehr niedrigen NO_x-Ausstoß bei ähnlichen HC-Emissionen und reduzierter CO-Bildung im Vergleich zum konventionellen fremdgezündeten Betrieb.

11 Volumenreaktion im Brennraum bei der homogenen Selbstzündung

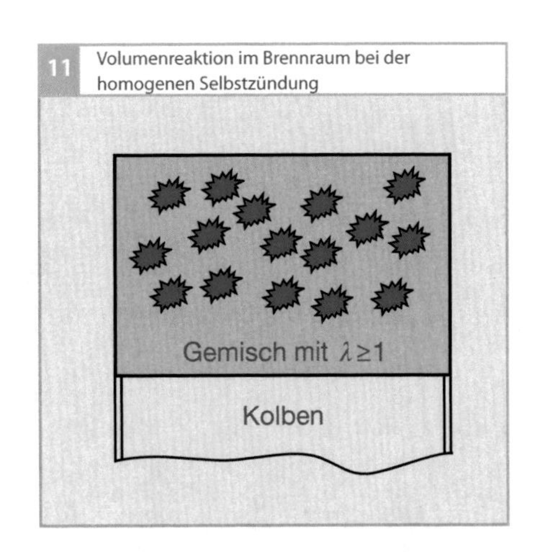

Irreguläre Verbrennung

Unter irregulärer Verbrennung beim Ottomotor versteht man Phänomene wie die klopfende Verbrennung, Glühzündung oder andere Vorentflammungserscheinungen. Eine klopfende Verbrennung äußert sich im Allgemeinen durch ein deutlich hörbares, metallisches Geräusch (Klingeln, Klopfen). Die schädigende Wirkung eines dauerhaften Klopfens kann zum völligen Ausfall des Motors führen. In heutigen Serienmotoren dient eine Klopfregelung dazu, den Motor bei Volllast gefahrlos an der Klopfgrenze zu betreiben. Hierzu wird die klopfende Verbrennung durch einen Sensor detektiert und der Zündwinkel vom Steuergerät entsprechend angepasst. Durch die Anwendung der Klopfregelung ergeben sich weitere Vorteile, insbesondere die Reduktion des Kraftstoffverbrauchs, die Erhöhung des Drehmoments sowie die Darstellung des Motorbetriebs in einem vergrößerten Oktanzahlbereich. Eine Klopfregelung ist allerdings nur dann anwendbar, wenn das Klopfen ein reproduzierbares und wiederkehrendes Phänomen ist.

Der Unterschied zwischen einer regulären und einer klopfenden Verbrennung ist in (Bild 12) dargestellt. Aus dieser wird deutlich, dass der Zylinderdruck bereits vor Klopfbeginn infolge hochfrequenter Druckwellen, welche durch den Brennraum pulsieren, im Vergleich zum nicht klopfenden Arbeitsspiel deutlich ansteigt. Bereits die frühe Phase der klopfenden Verbrennung zeichnet sich also gegenüber dem mittleren Arbeitsspiel (in Bild 12 als reguläre Verbrennung gekennzeichnet) durch einen schnelleren Massenumsatz aus. Beim Klopfen kommt es

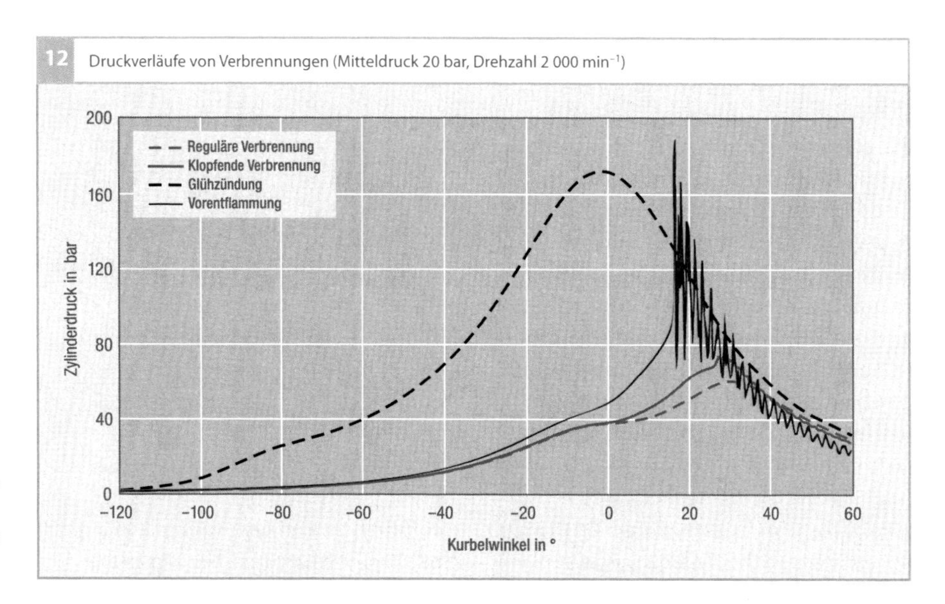

Bild 12
Der Kurbelwinkel ist auf den oberen Totpunkt in der Kompressionsphase (ZOT) bezogen.

zur Selbstzündung in den noch nicht von der Flamme erfassten Endgaszonen. Die stehenden Wellen, die anschließend durch den Brennraum fortschreiten, verursachen das hörbare, klingelnde Geräusch. Im Motorbetrieb wird das Eintreten von Klopfen durch eine Spätverstellung des Zündwinkels vermieden. Dies führt, je nach resultierender Schwerpunktslage der Verbrennung, zu einem nicht unerheblichen Wirkungsgradverlust.

Die Glühzündung führt gewöhnlich zu einer sehr hohen mechanischen Belastung des Motors. Die Entflammung des Frischgemischs erfolgt hierbei teilweise deutlich vor dem regulären Auslösen des Zündfunkens. Häufig kommt es zu einem sogenannten Run-on, wobei nach starkem Klopfen der Zeitpunkt der Entzündung mit jedem weiteren Arbeitsspiel früher erfolgt. Dabei wird ein Großteil des Frischgemisches bereits deutlich vor dem oberen Totpunkt in der Kompressionsphase umgesetzt (Bild 12). Druck und Temperatur im Brennraum steigen dabei aufgrund der noch ablaufenden Kompression stark an. Hat sich die Glühzündung erst eingestellt, kommt es im Gegensatz zur klopfenden Verbrennung zu keinem wahrnehmbaren Geräusch, da die pulsierenden Druckwellen im Brennraum ausbleiben. Solch eine extrem frühe Glühzündung führt meistens zum sofortigen Ausfall des Motors. Bevorzugte Stellen, an denen eine Oberflächenzündung beginnen kann, sind überhitzte Ventile oder Zündkerzen, glühende Verbrennungsrückstände oder sehr heiße Stellen im Brennraum wie beispielsweise Kanten von Kolbenmulden. Eine Oberflächenzündung kann durch entsprechende Auslegung der Kühlkanäle im Bereich des Zylinderkopfs und der Laufbuchse in den meisten Fällen vermieden werden.

Eine Vorentflammung zeichnet sich durch eine unkontrollierte und sporadisch auftretende Selbstentflammung aus, welche vor allem bei kleinen Drehzahlen und hohen Lasten auftritt. Der Zeitpunkt der Selbstentflammung kann dabei von deutlich vor bis zum Zeitpunkt der Zündeinleitung selbst variieren. Betroffen von diesem Phänomen sind generell hoch aufgeladene Motoren mit hohen Mitteldrücken im unteren Drehzahlbereich (Low-End-Torque). Hier entfällt bis heute die Möglichkeit zur effektiven Regelung, die dem Auftreten der Vorentflammung entgegenwirken könnte, da die Ereignisse meist einzeln auftreten und nur selten unmittelbar in mehreren Arbeitsspielen aufeinander folgen. Als Reaktion wird bei Serienmotoren nach heutigem Stand zunächst der Ladedruck reduziert. Tritt weiterhin ein Vorentflammungsereignis auf, wird als letzte Maßnahme die Einspritzung ausgeblendet. Die Folge einer Vorentflammung ist eine schlagartige Umsetzung der verbliebenen Zylinderladung mit extremen Druckgradienten und sehr hohen Spitzendrücken, die teilweise 300 bar erreichen. Im Allgemeinen führt ein Vorentflammungsereignis daraufhin immer zu extremem Klopfen und gleicht vom Ablauf her einer Verbrennung, wie sie sich bei extrem früher Zündeinleitung (Überzündung) darstellt. Die Ursache hierfür ist noch nicht vollends geklärt. Vielmehr existieren auch hier mehrere Erklärungsversuche. Die Direkteinspritzung spielt hier eine relevante Rolle, da zündwillige Tropfen und zündwilliger Kraftstoffdampf in den Brennraum gelangen können. Unter anderem stehen Ablagerungen (Partikel, Ruß usw.) im Verdacht, da sie sich von der Brennraumwand lösen und als Initiator in Betracht kommen. Ein weiterer Erklärungsversuch geht davon aus, dass Fremdmedien (z. B. Öl) in den Brennraum gelangen, welche eine kürzere Zündverzugszeit aufweisen als übliche Kohlenwasserstoff-Bestandteile im Ottokraftstoff und damit das Reaktionsniveau entsprechend herabsetzen. Die Vielfalt des Phänomens ist stark motorabhängig und lässt sich kaum auf eine allgemeine Ursache zurückführen.

Drehmoment, Leistung und Verbrauch

Drehmomente am Antriebsstrang

Die von einem Ottomotor abgegebene Leistung P wird durch das verfügbare Kupplungsmoment M_k und die Motordrehzahl n bestimmt. Das an der Kupplung verfügbare Moment (Bild 13) ergibt sich aus dem durch den Verbrennungsprozess erzeugten Drehmoment, abzüglich der Ladungswechselverluste, der Reibung und dem Anteil zum Betrieb der Nebenaggregate. Das Antriebsmoment ergibt sich aus dem Kupplungsmoment abzüglich der an der Kupplung und im Getriebe auftretenden Verluste.

Das aus dem Verbrennungsprozess erzeugte Drehmoment wird im Arbeitstakt (Verbrennung und Expansion) erzeugt und ist bei Ottomotoren hauptsächlich abhängig von:

- der Luftmasse, die nach dem Schließen der Einlassventile für die Verbrennung zur Verfügung steht – bei homogenen Brennverfahren ist die Luft die Führungsgröße,
- die Kraftstoffmasse im Zylinder – bei geschichteten Brennverfahren ist die Kraftstoffmasse die Führungsgröße,
- dem Zündzeitpunkt, zu welchem der Zündfunke die Entflammung und Verbrennung des Luft-Kraftstoff-Gemisches einleitet.

Definition von Kenngrößen

Das instationäre innere Drehmoment M_i im Verbrennungsmotor ergibt sich aus dem Produkt von resultierender tangentialer Kraft F_T und Hebelarm r an der Kurbelwelle:

$$M_i = F_T r. \quad (4)$$

Die am Kurbelradius r wirkende Tangentialkraft F_T (Bild 14) resultiert aus der Kolbenkraft des Zylinders F_z, dem Kurbelwinkel φ und dem Pleuelschwenkwinkel β zu:

13 Drehmomente am Antriebsstrang

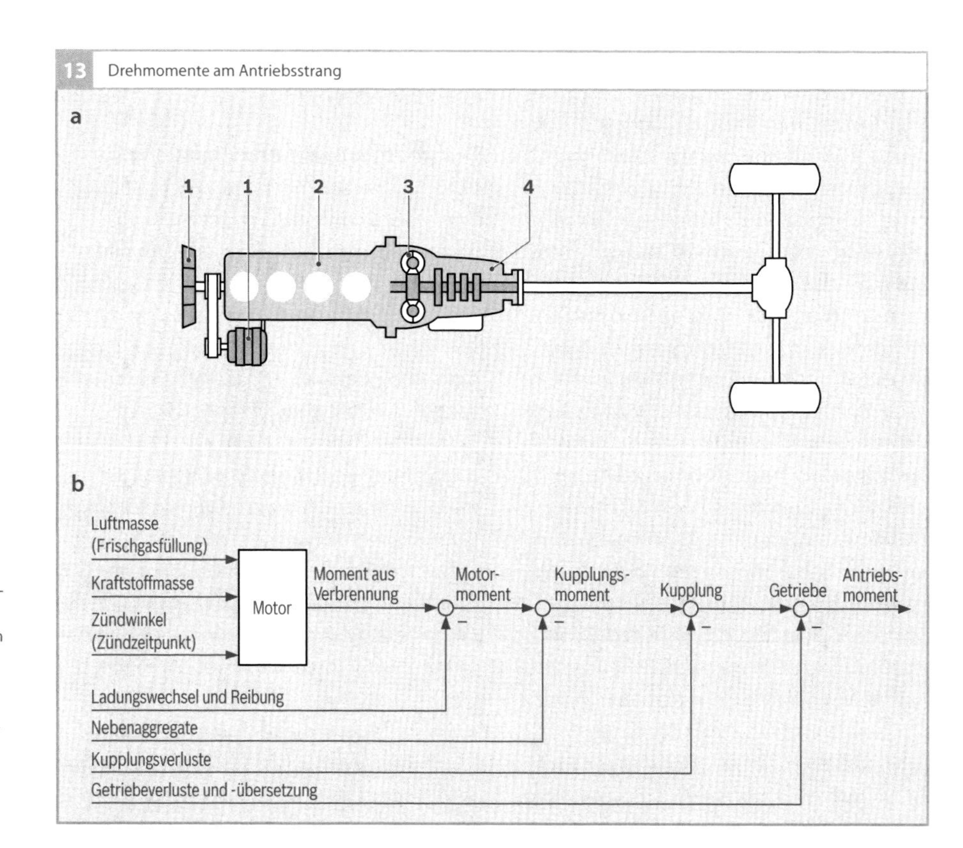

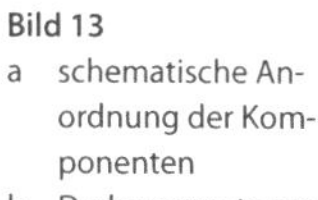

Bild 13
a schematische Anordnung der Komponenten
b Drehmomente am Antriebsstrang

1 Nebenaggregate (Generator, Klimakompressor usw.)
2 Motor
3 Kupplung
4 Getriebe

14 Kräfte an Pleuel und Kurbelwelle

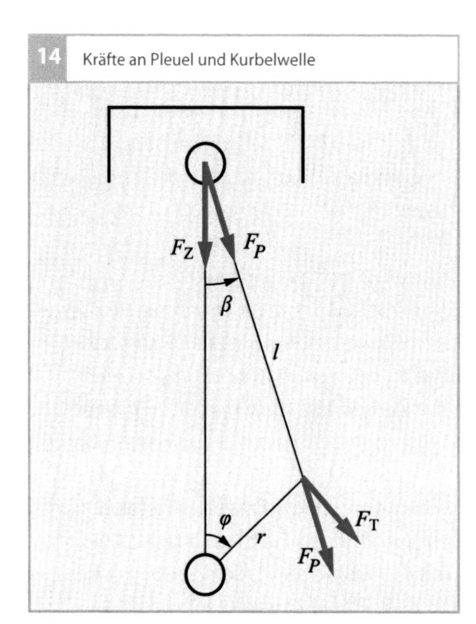

Bild 14
l Pleuellänge
r Kurbelradius
φ Kurbelwinkel
β Pleuelschwenkwinkel
F_Z Kolbenkraft
F_p Pleuelstangenkraft
F_T Tagentialkraft

$$F_T = F_z \frac{\sin(\varphi + \beta)}{\cos\beta}\,. \tag{5}$$

Mit

$$r \sin\varphi = l \sin\beta \tag{6}$$

und der Einführung des Schubstangenverhältnisses λ_l

$$\lambda_l = \frac{r}{l} \tag{7}$$

ergibt sich für die Tangentialkraft:

$$F_T = F_z \left(\sin\varphi + \lambda_l \frac{\sin\varphi \cos\varphi}{\sqrt{1 - \lambda_l^2 \sin^2\varphi}} \right). \tag{8}$$

Die Kolbenkraft F_z ist ihrerseits bestimmt durch das Produkt aus der lichten Kolbenfläche A, die sich aus dem Kolbenradius r_K zu

$$A_K = r_K^2 \pi \quad (9)$$

ergibt und dem Differenzdruck am Kolben, welcher durch den Brennraumdruck p_Z und dem Druck p_K im Kurbelgehäuse gegeben ist:

$$F_Z = A_K(p_Z - p_K) = r_K^2 \pi (p_Z - p_K). \quad (10)$$

Für das instationäre innere Drehmoment M_i ergibt sich schließlich in Abhängigkeit der Stellung der Kurbelwelle:

$$M_i = r_K^2 \pi (p_Z - p_K) \left(\sin\varphi + \lambda_l \frac{\sin\varphi \cos\varphi}{\sqrt{1 - \lambda_l^2 \sin^2\varphi}} \right) r. \quad (11)$$

Für die Hubfunktion s, welche die Bewegung des Kolbens bei einem nicht geschränktem Kurbeltrieb beschreibt, folgt aus der Beziehung

$$s = r(1 - \cos\varphi) + l(1 - \cos\beta) \quad (12)$$

der Ausdruck:

$$s = \left(1 + \frac{1}{\lambda_l} - \cos\varphi - \sqrt{\frac{1}{\lambda_l^2} - \sin^2\varphi} \right) r. \quad (13)$$

Damit ist die augenblickliche Stellung des Kolbens durch den Kurbelwinkel φ, durch den Kurbelradius r und durch das Schubstangenverhältnis λ_l beschrieben. Das momentane Zylindervolumen V ergibt sich aus der Summe von Kompressionsendvolumen V_K und dem Volumen, welches sich über die Kolbenbewegung s mit der lichten Kolbenfläche A_K ergibt:

$$V = V_K + A_K s = V_K + r_K^2 \pi \left(1 + \frac{1}{\lambda_l} - \cos\varphi - \sqrt{\frac{1}{\lambda_l^2} - \sin^2\varphi} \right) r. \quad (14)$$

15 Typische Leistungs- und Drehmomentkurven eines Ottomotors mit vier Zylindern

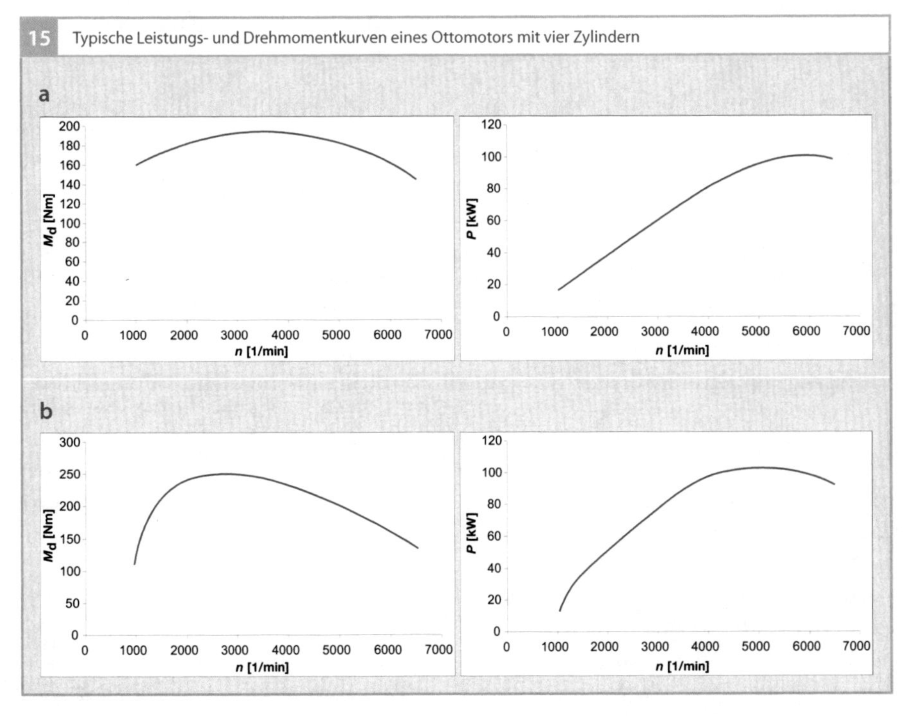

Bild 15
- a 1,9 l Hubraum ohne Aufladung
- b 1,4 l Hubraum mit Aufladung
- n Drehzahl
- M_d Drehmoment
- P Leistung

16 Verbrauchskennfeld eines Ottomotors ohne Aufladung

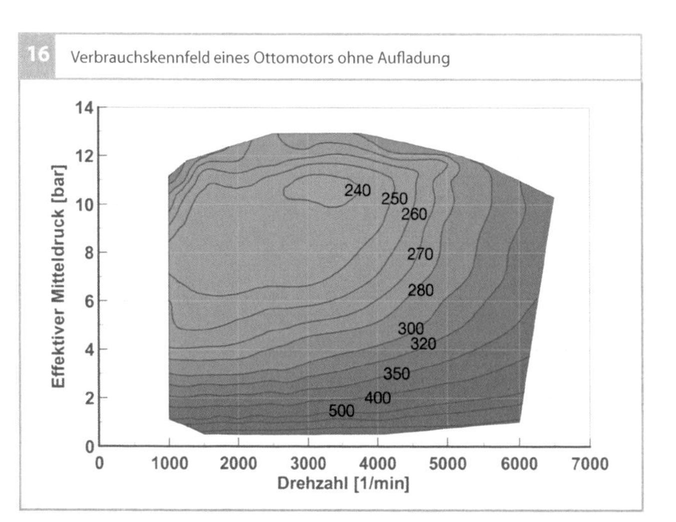

Bild 16
Die Zahlen geben den Wert für b_e in g/kWh an.

17 Verbrauchskennfeld eines aufgeladenen Ottomotors

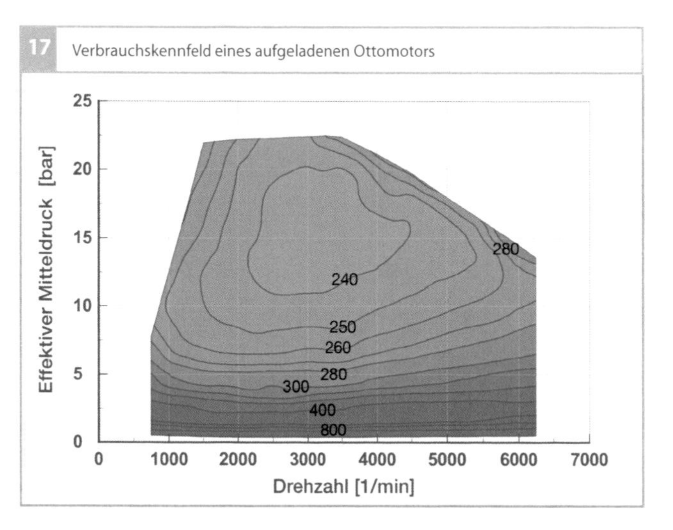

Bild 17
Die Zahlen geben den spezifischen Kraftstoffverbrauch b_e in g/kWh an.

Das am Kurbeltrieb erzeugte Drehmoment kann in Abhängigkeit des Fahrerwunsches durch Einstellen von Qualität und Quantität des Luft-Kraftstoff-Gemisches sowie des Zündwinkels geregelt werden. Das maximal erreichbare Drehmoment wird durch die maximale Füllung und die Konstruktion des Kurbeltriebs und Zylinderkopfes begrenzt.

Das effektive Drehmoment an der Kurbelwelle M_d entspricht der inneren technischen Arbeit abzüglich aller Reibungs- und Aggregateverluste. Üblicherweise erfolgt die Auslegung des maximalen Drehmomentes für niedrige Drehzahlen ($n \approx 2\,000\ \text{min}^{-1}$), da in diesem Bereich der höchste Wirkungsgrad des Motors erreicht wird.

Die innere technische Arbeit W_i kann direkt aus dem Druck im Zylinder und der Volumenänderung während eines Arbeitsspiels in Abhängigkeit der Taktzahl n_T berechnet werden:

$$W_i = \int_{0^\circ}^{\varphi_T} p \frac{dV}{d\varphi} d\varphi, \tag{15}$$

wobei

$$\varphi_T = n_T \cdot 180^\circ \tag{16}$$

beträgt.

Unter Verwendung des an der Kurbelwelle des Motors abgegebenen Drehmomentes M_d und der Taktzahl n_T ergibt sich für die effektive Arbeit:

$$W_e = 2\pi \frac{n_T}{2} M_d. \tag{17}$$

Die auftretenden Verluste durch Reibung und Nebenaggregate können als Differenz zwischen der inneren Arbeit W_i und der effektiven Nutzarbeit W_e als Reibarbeit W_R angegeben werden:

$$W_R = W_i - W_e. \tag{18}$$

Eine Drehmomentgröße, die das Vergleichen der Last unterschiedlicher Motoren erlaubt, ist die spezifische effektive Arbeit w_e, welche die effektive Arbeit W_e auf das Hubvolumen des Motors bezieht:

$$w_e = \frac{W_e}{V_H}. \tag{19}$$

Da es sich bei dieser Größe um den Quotienten aus Arbeit und Volumen handelt, wird diese oft als effektiver Mitteldruck p_{me} bezeichnet.

Die effektiv vom Motor abgegebene Leistung P resultiert aus dem erreichten Drehmoment M_d und der Motordrehzahl n zu:

$$P = 2\pi M_d n . \tag{20}$$

Die Motorleistung steigt bis zur Nenndrehzahl. Bei höheren Drehzahlen nimmt die Leistung wieder ab, da in diesem Bereich das Drehmoment stark abfällt.

Verläufe

Typische Leistungs- und Drehmomentkurven je eines Motors ohne und mit Aufladung, beide mit einer Leistung von 100 kW, werden in Bild 15 dargestellt.

Spezifischer Kraftstoffverbrauch

Der spezifische Kraftstoffverbrauch b_e stellt den Zusammenhang zwischen dem Kraftstoffaufwand und der abgegebenen Leistung des Motors dar. Er entspricht damit der Kraftstoffmenge pro erbrachte Arbeitseinheit und wird in g/kWh angegeben. Die Bilder 16 und 17 zeigen typische Werte des spezifischen Kraftstoffverbrauchs im homogenen, fremdgezündeten Betriebskennfeld eines Ottomotors ohne und mit Aufladung.

Abgasnachbehandlung

Abgasemissionen und Schadstoffe

In den vergangenen Jahren konnte der Schadstoffausstoß der Kraftfahrzeuge durch technische Maßnahmen drastisch gesenkt werden. Dabei wurden sowohl die Rohemissionen durch innermotorische Maßnahmen und intelligente Motorsteuerungskonzepte als auch die in die Umwelt emittierten Emissionen durch verbesserte Abgasnachbehandlungssysteme signifikant reduziert.

Bild 1 zeigt die Abnahme der jährlichen Emissionen des Straßenverkehrs in Deutschland zwischen 1999 (100 %) und 2009 sowie die Abnahme des durchschnittlichen Kraftstoffverbrauchs eines Pkw und die des gesamten im Personen-Straßenverkehr verbrauchten Kraftstoffs. Zum einen trägt hierzu die Einführung verschärfter Emissionsgesetzgebungen in Europa 2000 (Euro 3) und 2005 (Euro 4) bei, zum anderen aber auch der Trend zu sparsameren Fahrzeugen. Der Anteil des Straßenverkehrs an den insgesamt von Industrie, Verkehr, Haushalten und Kraftwerken verursachten Emissionen ist unterschiedlich und beträgt 2009 nach Angaben des Umweltbundesamtes

- 41 % für Stickoxide,
- 37 % Kohlenmonoxid,
- 18 % für Kohlendioxid,
- 9 % für flüchtige Kohlenwasserstoffe ohne Methan.

Verbrennung des Luft-Kraftstoff-Gemischs

Bei einer vollständigen, idealen Verbrennung reinen Kraftstoffs mit genügend Sauerstoff würde nur Wasserdampf (H_2O) und Kohlendioxid (CO_2) entstehen. Wegen der nicht idealen Verbrennungsbedingungen im Brennraum (z. B. nicht verdampfte Kraftstoff-Tröpfchen) und aufgrund der weiteren Bestandteile des Kraftstoffs (z. B. Schwefel) entstehen bei der Verbrennung neben Wasser und Kohlendioxid zum Teil auch toxische Nebenprodukte.

Durch Optimierung der Verbrennung und Verbesserung der Kraftstoffqualität wird die Bildung der Nebenprodukte immer weiter verringert. Die Menge des entstehenden CO_2 hingegen ist auch unter Idealbedingungen nur abhängig vom Kohlenstoffgehalt des Kraftstoffs und kann deshalb nicht durch die Verbrennungsführung beeinflusst werden. Die CO_2-Emissionen sind proportional zum

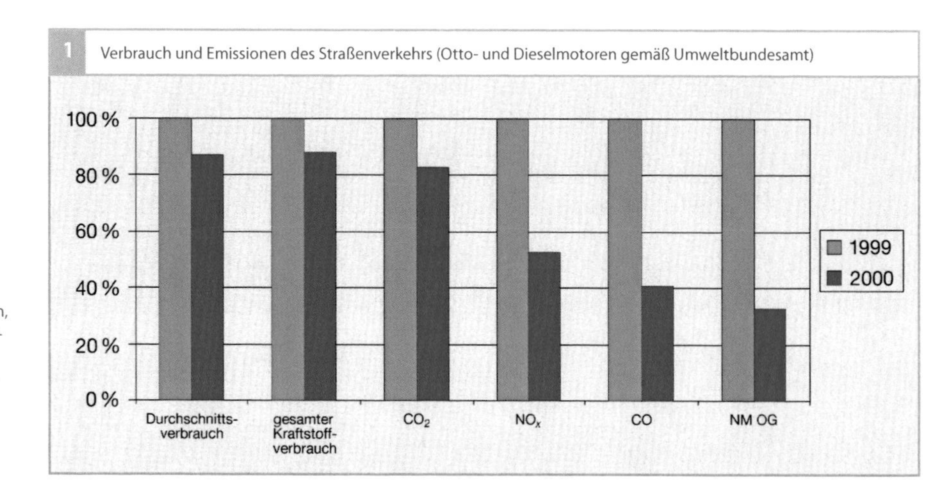

Bild 1
Der Durchschnittsverbrauch ist auf die gesamte Strecke bezogen, der gesamte Kraftstoffverbrauch betrifft den kompletten Personen-Straßenverkehr.
NMOG flüchtige Kohlenwasserstoffe ohne Methan

2 Abgaszusammensetzung (Rohemissionen) von Ottomotoren bei Betrieb mit $\lambda = 1$

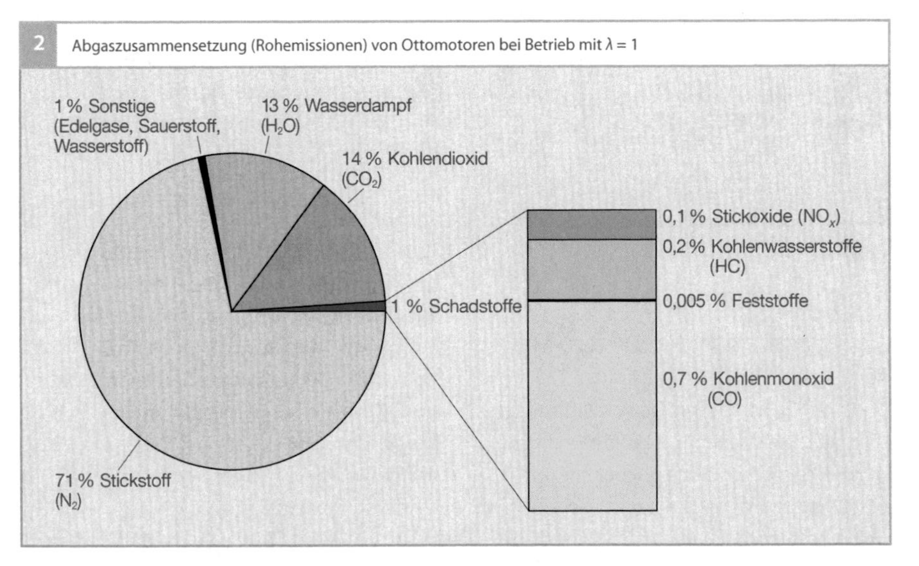

Bild 2
Angaben in Volumenprozent

Die Konzentrationen der Abgasbestandteile, insbesondere der Schadstoffe, können abweichen; sie hängen u. a. von den Betriebsbedingungen des Motors und den Umgebungsbedingungen (z. B. Luftfeuchtigkeit) ab.

Kraftstoffverbrauch und können daher nur durch einen verringerten Kraftstoffverbrauch oder durch den Einsatz kohlenstoffärmerer Kraftstoffe, wie z. B. Erdgas (CNG, Compressed Natural Gas), gesenkt werden.

Hauptbestandteile des Abgases

Wasser

Der im Kraftstoff enthaltene chemisch gebundene Wasserstoff verbrennt mit Luftsauerstoff zu Wasserdampf (H_2O), der beim Abkühlen zum größten Teil kondensiert. Er ist an kalten Tagen als Dampfwolke am Auspuff sichtbar. Sein Anteil am Abgas beträgt ungefähr 13 %.

Kohlendioxid

Der im Kraftstoff enthaltene chemisch gebundene Kohlenstoff bildet bei der Verbrennung Kohlenstoffdioxid (CO_2) mit einem Anteil von ca. 14 % im Abgas (für typische Benzinkraftstoffe). Kohlenstoffdioxid wird meist einfach als Kohlendioxid bezeichnet.

Kohlendioxid ist ein farbloses, geruchloses, ungiftiges Gas und ist als natürlicher Bestandteil der Luft in der Atmosphäre vorhanden. Es wird in Bezug auf die Abgasemissionen bei Kraftfahrzeugen nicht als Schadstoff eingestuft. Es ist jedoch ein Mitverursacher des Treibhauseffekts und der damit zusammenhängenden globalen Klimaveränderung. Der CO_2-Gehalt in der Atmosphäre ist seit der Industrialisierung um rund 30 % auf heute ca. 400 ppm gestiegen. Die Reduzierung der CO_2-Emissionen auch durch Verringerung des Kraftstoffverbrauchs wird deshalb immer dringlicher.

Stickstoff

Stickstoff (N_2) ist mit einem Anteil von 78 % der Hauptbestandteil der Luft. Er ist am chemischen Verbrennungsprozess nahezu unbeteiligt und stellt mit ca. 71 % den größten Anteil des Abgases dar.

Schadstoffe

Bei der Verbrennung des Luft-Kraftstoff-Gemischs entsteht eine Reihe von Nebenbestandteilen. Der Anteil dieser Stoffe beträgt im Rohabgas (Abgas nach der Verbrennung, vor der Abgasnachbehandlung) bei betriebswarmem Motor und stöchiometrischer Luft-Kraftstoff-Gemischzusammensetzung ($\lambda = 1$) rund 1 % der gesamten Abgasmenge.

Die wichtigsten Nebenbestandteile sind
- Kohlenmonoxid (CO),
- Kohlenwasserstoffe (HC),
- Stickoxide (NO_x).

Betriebswarme Katalysatoren können diese Schadstoffe zu mehr als 99 % in unschädliche Stoffe (CO_2, H_2O, N_2) konvertieren.

Kohlenmonoxid
Kohlenmonoxid (CO) entsteht bei unvollständiger Verbrennung eines fetten Luft-Kraftstoff-Gemischs infolge von Luftmangel. Aber auch bei Betrieb mit Luftüberschuss entsteht Kohlenmonoxid – jedoch nur in sehr geringem Maß – aufgrund von fetten Zonen im inhomogenen Luft-Kraftstoff-Gemisch. Nicht verdampfte Kraftstofftröpfchen bilden lokal fette Bereiche, die nicht vollständig verbrennen.

Kohlenmonoxid ist ein farb- und geruchloses Gas. Es verringert beim Menschen die Sauerstoffaufnahmefähigkeit des Bluts und führt daher zur Vergiftung des Körpers.

Kohlenwasserstoffe
Unter Kohlenwasserstoffen (HC, Hydrocarbon) versteht man chemische Verbindungen von Kohlenstoff (C) und Wasserstoff (H). Die HC-Emissionen sind auf eine unvollständige Verbrennung des Luft-Kraftstoff-Gemischs bei Sauerstoffmangel zurückzuführen. Bei der Verbrennung können aber auch neue Kohlenwasserstoffverbindungen entstehen, die im Kraftstoff ursprünglich nicht vorhanden waren (z. B. durch Aufbrechen von langen Molekülketten).

Die aliphatischen Kohlenwasserstoffe (Alkane, Alkene, Alkine sowie ihre zyklischen Abkömmlinge) sind nahezu geruchlos. Ringförmige aromatische Kohlenwasserstoffe (z. B. Benzol, Toluol, polyzyklische Kohlenwasserstoffe) sind geruchlich wahrnehmbar. Kohlenwasserstoffe gelten teilweise bei längerer Einwirkung als Krebs erregend. Teiloxidierte Kohlenwasserstoffe (z. B. Aldehyde, Ketone) riechen unangenehm und bilden unter Sonneneinwirkung Folgeprodukte, die bei von bestimmten Konzentrationen ebenfalls als Krebs erregend gelten.

Stickoxide
Stickoxide (NO_x) ist der Sammelbegriff für Verbindungen aus Stickstoff und Sauerstoff. Stickoxide bilden sich bei allen Verbrennungsvorgängen mit Luft infolge von Nebenreaktionen mit dem enthaltenen Stickstoff. Beim Verbrennungsmotor entstehen hauptsächlich Stickstoffoxid (NO) und Stickstoffdioxid (NO_2), in geringem Maß auch Distickstoffoxid (N_2O).

Stickstoffoxid (NO) ist farb- und geruchlos und wandelt sich in Luft langsam in Stickstoffdioxid (NO_2) um. Stickstoffdioxid (NO_2) ist in reiner Form ein rotbraunes, stechend riechendes, giftiges Gas. Bei Konzentrationen, wie sie in stark verunreinigter Luft auftreten, kann NO_2 zur Schleimhautreizung führen. Stickoxide sind mitverantwortlich für Waldschäden (saurer Regen) durch Bildung von salpetriger Säure (HNO_2) und Salpetersäure (HNO_3) sowie für die Smog-Bildung.

Schwefeldioxid
Schwefelverbindungen im Abgas – vorwiegend Schwefeldioxid (SO_2) – entstehen aufgrund des Schwefelgehalts des Kraftstoffs. SO_2-Emissionen sind nur zu einem geringen Anteil auf den Straßenverkehr zurückzuführen. Sie werden nicht durch die Abgasgesetzgebung begrenzt.

Die Bildung von Schwefelverbindungen muss trotzdem weitestgehend verhindert werden, da sich SO_2 an den Katalysatoren (Dreiwegekatalysator, NO_x-Speicherkatalysator) festsetzt und diese vergiftet, d. h. ihre Reaktionsfähigkeit herabsetzt.

SO_2 trägt wie auch die Stickoxide zur Entstehung des sauren Regens bei, da es in der

Atmosphäre oder nach Ablagerung zu schwefeliger Säure und Schwefelsäure umgesetzt werden kann.

Feststoffe

Bei unvollständiger Verbrennung entstehen Feststoffe in Form von Partikeln. Sie bestehen – abhängig vom eingesetzten Brennverfahren und Motorbetriebszustand – hauptsächlich aus einer Aneinanderkettung von Kohlenstoffteilchen (Ruß) mit einer sehr großen spezifischen Oberfläche. An den Ruß lagern sich unverbrannte oder teilverbrannte Kohlenwasserstoffe, zusätzlich auch Aldehyde mit aufdringlichem Geruch an. Am Ruß binden sich auch Kraftstoff- und Schmierölaerosole (in Gasen feinstverteilte feste oder flüssige Stoffe) sowie Sulfate. Für die Sulfate ist der im Kraftstoff enthaltene Schwefel verantwortlich.

Einflüsse auf Rohemissionen

Bei der Verbrennung des Luft-Kraftstoff-Gemischs entstehen als Nebenprodukte hauptsächlich die Schadstoffe NO_x, CO und HC. Die Mengen dieser Schadstoffe, die im Rohabgas (Abgas nach der Verbrennung, vor der Abgasreinigung) enthalten sind, hängen stark vom Brennverfahren und Motorbetrieb ab. Entscheidenden Einfluss auf die Bildung von Schadstoffen haben die Luftzahl λ und der Zündzeitpunkt.

Das Katalysatorsystem konvertiert im betriebswarmen Zustand die Schadstoffe zum größten Teil, sodass die vom Fahrzeug in die Umgebung abgegebenen Emissionen weitaus geringer sind als die Rohemissionen. Um die abgegebenen Schadstoffe mit einem vertretbaren Aufwand für die Abgasnachbehandlung zu minimieren, muss jedoch schon die Rohemission so gering wie möglich gehalten werden. Dies gilt insbesondere nach einem Kaltstart des Motors, wenn das Katalysatorsystem noch nicht die Betriebstemperatur zur Konvertierung der Schadstoffe erreicht hat. Für diese kurze Zeit werden die Rohemissionen nahezu unbehandelt in die Umgebung abgegeben. Die Reduzierung der Rohemissionen in dieser Phase ist daher ein wichtiges Entwicklungsziel.

Einflussgrößen

Luft-Kraftstoff-Verhältnis

Die Schadstoffemission eines Motors wird ganz wesentlich durch das Luft-Kraftstoff-Verhältnis (Luftzahl λ) bestimmt.

- $\lambda = 1$: Die zugeführte Luftmasse entspricht der theoretisch erforderlichen Luftmasse zur vollständigen stöchiometrischen Verbrennung des zugeführten Kraftstoffs. Motoren mit Saugrohreinspritzung oder Direkteinspritzung werden in den meisten Betriebsbereichen mit stöchiometrischem Luft-Kraftstoff-Gemisch ($\lambda = 1$) betrieben, damit der Dreiwegekatalysator seine bestmögliche Reinigungswirkung entfalten kann.
- $\lambda < 1$: Es besteht Luftmangel und damit ergibt sich ein fettes Luft-Kraftstoff-Gemisch. Um Bauteile im Abgassystem vor Übertemperatur z. B. bei langen Volllastfahrten zu schützen, kann angefettet werden.
- $\lambda > 1$: In diesem Bereich herrscht Luftüberschuss und damit ergibt sich ein mageres Luft-Kraftstoff-Gemisch. Um z. B. im Kaltstart die HC-Rohemissionen effektiv und schnell mit ausreichend Sauerstoff konvertieren zu können, kann der Motor mager betrieben werden. Der erreichbare Maximalwert für λ – „die Magerlaufgrenze“ – ist stark von der Konstruktion und vom verwendeten Gemischaufbereitungssystem abhängig. An der Magerlaufgrenze ist das Luft-Kraftstoff-Gemisch nicht mehr zündwillig. Es treten Verbrennungsaussetzer auf.

Motoren mit Benzin-Direkteinspritzung können betriebspunktabhängig im Schicht-

oder im Homogenbetrieb gefahren werden. Der Homogenbetrieb ist durch eine Einspritzung im Ansaughub gekennzeichnet, wobei sich ähnliche Verhältnisse wie bei der Saugrohreinspritzung ergeben. Diese Betriebsart wird bei hohen abzugebenden Drehmomenten und bei hohen Drehzahlen eingestellt. In dieser Betriebsart beträgt die eingestellte Luftzahl in der Regel $\lambda = 1$.

Im Schichtbetrieb wird der Kraftstoff nicht homogen im gesamten Brennraum verteilt. Dies erreicht man durch eine Einspritzung, die erst im Verdichtungstakt erfolgt. Innerhalb der dadurch im Zentrum des Brennraums entstehenden Kraftstoffwolke sollte das Luft-Kraftstoff-Gemisch möglichst homogen mit der Luftzahl $\lambda = 1$ verteilt sein. In den Randbereichen des Brennraums befindet sich nahezu reine Luft oder sehr mageres Luft-Kraftstoff-Gemisch. Für den gesamten Brennraum ergibt sich dann insgesamt eine Luftzahl von $\lambda > 1$, d. h., es liegt ein mageres Luft-Kraftstoff-Gemisch vor.

Luft-Kraftstoff-Gemischaufbereitung

Für eine vollständige Verbrennung muss der zu verbrennende Kraftstoff möglichst homogen mit der Luft durchmischt sein. Dazu ist eine gute Zerstäubung des Kraftstoffs notwendig. Wird diese Voraussetzung nicht erfüllt, schlagen sich große Kraftstofftropfen am Saugrohr oder an der Brennraumwand nieder. Diese großen Tropfen können nicht vollständig verbrennen und führen zu erhöhten HC-Emissionen.

Für eine niedrige Schadstoffemission ist eine gleichmäßige Luft-Kraftstoff-Gemischverteilung über alle Zylinder erforderlich. Einzeleinspritzanlagen, bei denen in den Saugrohren nur Luft transportiert und der Kraftstoff direkt vor das Einlassventil (bei Saugrohreinspritzung) oder direkt in den Brennraum (bei Benzin-Direkteinspritzung) eingespritzt wird, garantieren eine gleichmäßige Luft-Kraftstoff-Gemischverteilung. Bei Vergaser- und Zentraleinspritzanlagen ist das nicht gewährleistet, da sich große Kraftstofftröpfchen an den Rohrkrümmungen der einzelnen Saugrohre niederschlagen können.

Drehzahl

Eine höhere Motordrehzahl bedeutet eine größere Reibleistung im Motor selbst und eine höhere Leistungsaufnahme der Nebenaggregate (z. B. Wasserpumpe). Bezogen auf die zugeführte Energie sinkt daher die abgegebene Leistung, der Motorwirkungsgrad wird mit zunehmender Drehzahl schlechter.

Wird eine bestimmte Leistung bei höherer Drehzahl abgegeben, bedeutet das einen höheren Kraftstoffverbrauch, als wenn die gleiche Leistung bei niedriger Drehzahl abgegeben wird. Damit ist auch ein höherer Schadstoffausstoß verbunden.

Motorlast

Die Motorlast und damit das erzeugte Motordrehmoment hat für die Schadstoffkomponenten Kohlenmonoxid CO, die unverbrannten Kohlenwasserstoffe HC und die Stickoxide NO_x unterschiedliche Auswirkungen. Auf die Einflüsse wird nachfolgend eingegangen.

Zündzeitpunkt

Die Entflammung des Luft-Kraftstoff-Gemischs, das heißt die zeitliche Phase vom Funkenüberschlag bis zur Ausbildung einer stabilen Flammenfront, hat auf den Verbrennungsablauf einen wesentlichen Einfluss. Sie wird durch den Zeitpunkt des Funkenüberschlags, die Zündenergie sowie die Luft-Kraftstoff-Gemischzusammensetzung an der Zündkerze bestimmt. Eine große Zündenergie bedeutet stabilere Entflammungsverhältnisse mit positiven Auswirkungen auf die Stabilität des Verbrennungsablaufs von Arbeitsspiel zu Arbeitsspiel und damit auch auf die Abgaszusammensetzung.

HC-Rohemission

Einfluss des Drehmoments

Mit steigendem Drehmoment erhöht sich die Temperatur im Brennraum. Die Dicke der Zone, in der die Flamme in der Nähe der Brennraumwand aufgrund nicht ausreichend hoher Temperaturen gelöscht wird, nimmt daher mit steigendem Drehmoment ab. Aufgrund der vollständigeren Verbrennung entstehen dann weniger unverbrannte Kohlenwasserstoffe.

Zudem fördern die höheren Abgastemperaturen, die aufgrund der höheren Brennraumtemperaturen bei hohem Drehmoment während der Expansionsphase und des Ausschiebens entstehen, eine Nachreaktion der unverbrannten Kohlenwasserstoffe zu CO_2 und Wasser. Die leistungsbezogene Rohemission unverbrannter Kohlenwasserstoffe wird somit bei hohem Drehmoment wegen der höheren Temperaturen im Brennraum und im Abgas reduziert.

Einfluss der Drehzahl

Mit steigenden Drehzahlen nimmt die HC-Emission des Ottomotors zu, da die zur Aufbereitung und zur Verbrennung des Luft-Kraftstoff-Gemischs zur Verfügung stehende Zeit kürzer wird.

Einfluss des Luft-Kraftstoff-Verhältnisses

Bei Luftmangel ($\lambda < 1$) werden aufgrund von unvollständiger Verbrennung unverbrannte Kohlenwasserstoffe gebildet. Die Konzentration ist umso höher, je größer die Anfettung ist (Bild 3). Im fetten Bereich steigt deshalb die HC-Emission mit abnehmender Luftzahl λ.

Auch im mageren Bereich ($\lambda > 1$) nehmen die HC-Emissionen zu. Das Minimum liegt im Bereich von λ = 1,05...1,2. Der Anstieg im mageren Bereich wird durch unvollständige Verbrennung in den Randbereichen des Brennraums verursacht. Bei sehr mageren Luft-Kraftstoff-Gemischen kommt zu diesem Effekt noch hinzu, dass verschleppte Verbrennungen bis hin zu Zündaussetzern auftreten, was zu einem drastischen Anstieg der HC-Emission führt. Die Ursache dafür ist eine Luft-Kraftstoff-Gemischungleichverteilung im Brennraum, die schlechte Entflammungsbedingungen in mageren Brennraumzonen zur Folge hat.

Die Magerlaufgrenze des Ottomotors hängt im Wesentlichen von der Luftzahl an der Zündkerze während der Zündung und von der Summen-Luftzahl (Luft-Kraftstoff-Verhältnis über den gesamten Brennraum betrachtet) ab. Durch gezielte Ladungsbewegung im Brennraum kann sowohl die Homogenisierung und damit die Entflammungssicherheit erhöht als auch die Flammenausbreitung beschleunigt werden.

Im Schichtbetrieb bei der Benzin-Direkteinspritzung wird hingegen keine Homogenisierung des Kraftstoff-Luft-Gemischs im gesamten Brennraum angestrebt, sondern im Bereich der Zündkerze ein gut entflammbares Luft-Kraftstoff-Gemisch geschaffen. Bedingt dadurch sind in dieser Betriebsart deutlich größere Summen-Luftzahlen als bei Homogenisierung des Luft-Kraftstoff-Gemischs realisierbar. Die HC-Emissionen im Schichtbetrieb sind im Wesentlichen von der Luft-Kraftstoff-Gemischaufbereitung abhängig.

Entscheidend bei der Direkteinspritzung ist, dass eine Benetzung der Brennraumwände und des Kolbens möglichst vermieden wird, da die Verbrennung eines solchen Wandfilms in der Regel unvollständig erfolgt und so hohe HC-Emissionen zur Folge hat.

Einfluss des Zündzeitpunkts

Mit früherem Zündwinkel α_Z (größere Werte in Bild 3 relativ zum oberen Totpunkt) nimmt die Emission unverbrannter Kohlenwasserstoffe zu, da die Nachreaktion in der

Expansionsphase und in der Auspuffphase wegen der geringeren Abgastemperatur ungünstiger verläuft (Bild 3). Nur im sehr mageren Bereich kehren sich die Verhältnisse um. Bei magerem Luft-Kraftstoff-Gemisch ist die Verbrennungsgeschwindigkeit so gering, dass bei spätem Zündwinkel die Verbrennung noch nicht abgeschlossen ist, wenn das Auslassventil öffnet. Die Magerlaufgrenze des Motors wird bei spätem Zündwinkel schon bei geringerer Luftzahl λ erreicht.

CO-Rohemission

Einfluss des Drehmoments

Ähnlich wie bei der HC-Rohemission begünstigen die höheren Prozesstemperaturen bei hohem Drehmoment die Nachreaktion von CO während der Expansionsphase. Das CO wird zu CO_2 oxidiert.

Einfluss der Drehzahl

Auch die Drehzahlabhängigkeit der CO-Emission entspricht der der HC-Emission.

Mit steigenden Drehzahlen nimmt die CO-Emission des Ottomotors zu, da die zur Aufbereitung und zur Verbrennung des Luft-Kraftstoff-Gemischs zur Verfügung stehende Zeit kürzer wird.

Einfluss des Luft-Kraftstoff-Verhältnisses

Im fetten Bereich ist die CO-Emission nahezu linear von der Luftzahl abhängig (Bild 4). Der Grund dafür ist der Sauerstoffmangel und die damit verbundene unvollständige Oxidation des Kohlenstoffs.

Im mageren Bereich (bei Luftüberschuss) ist die CO-Emission sehr niedrig und nahezu unabhängig von der Luftzahl. CO entsteht hier nur durch die unvollständige Verbrennung von schlecht homogenisiertem Luft-Kraftstoff-Gemisch.

Einfluss des Zündzeitpunkts

Die CO-Emission ist vom Zündzeitpunkt nahezu unabhängig (Bild 4) und fast ausschließlich eine Funktion der Luftzahl λ.

3 HC-Rohemissionen in Abhängigkeit von der Luftzahl λ und vom Zündwinkel α_z

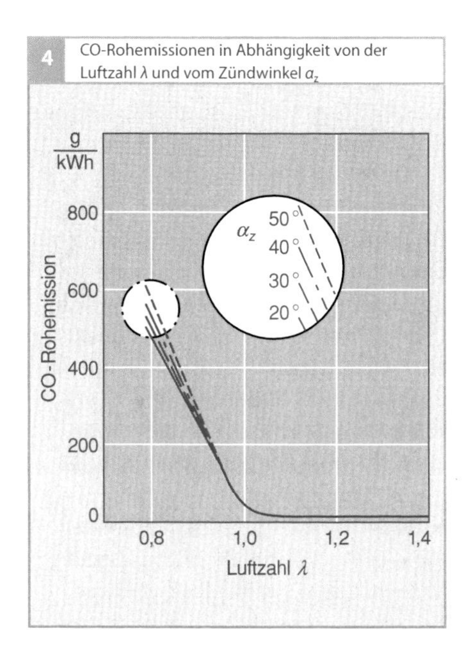

4 CO-Rohemissionen in Abhängigkeit von der Luftzahl λ und vom Zündwinkel α_z

NO_x-Rohemission

Einfluss des Drehmoments

Die mit dem Drehmoment steigende Brennraumtemperatur begünstigt die NO_x-Bildung. Die NO_x-Rohemission nimmt daher mit dem abgegebenen Drehmoment überproportional zu.

Einfluss der Drehzahl

Da die zur Verfügung stehende Reaktionszeit zur Bildung von NO_x bei höheren Drehzahlen kleiner ist, nehmen die NO_x-Emissionen mit steigender Drehzahl ab. Zusätzlich gilt es, den Restgasgehalt im Brennraum zu berücksichtigen, der zu niedrigeren Spitzentemperaturen führt. Da dieser Restgasgehalt in der Regel mit steigender Drehzahl abnimmt, ist dieser Effekt zu der oben beschriebenen Abhängigkeit gegenläufig.

Einfluss des Luft-Kraftstoff-Verhältnisses

Das Maximum der NO_x-Emission liegt bei leichtem Luftüberschuss im Bereich von $\lambda = 1{,}05...1{,}1$. Im mageren sowie im fetten Bereich fällt die NO_x-Emission ab, da die Spitzentemperaturen der Verbrennung sinken. Der Schichtbetrieb bei Motoren mit Benzin-Direkteinspritzung ist durch große Luftzahlen gekennzeichnet. Die NO_x-Emissionen sind verglichen mit dem Betriebspunkt bei $\lambda = 1$ niedrig, da nur ein Teil des Gases an der Verbrennung teilnimmt.

Einfluss der Abgasrückführung

Dem Luft-Kraftstoff-Gemisch kann zur Emissionsreduzierung verbranntes Abgas (Inertgas) zugeführt werden. Entweder wird durch eine geeignete Nockenwellenverstellung Inertgas nach der Verbrennung im Brennraum zurückgehalten (interne Abgasrückführung) oder aber es wird durch eine externe Abgasrückführung Abgas entnommen und nach einer Vermischung mit der Frischluft dem Brennraum zugeführt. Durch diese Maßnahmen werden die Flammentemperatur im Brennraum und die NO_x-Emissionen gesenkt. Insbesondere im Schichtbetrieb bei Motoren mit Benzin-Direkteinspritzung wird die externe Abgasrückführung eingesetzt. In Bild 5 ist die Abhängigkeit der NO_x-Rohemission im Schichtbetrieb von der Abgasrückführrate (AGR) dargestellt. Im mageren Betrieb können die NO_x-Rohemissionen nicht von einem Dreiwegekatalysator

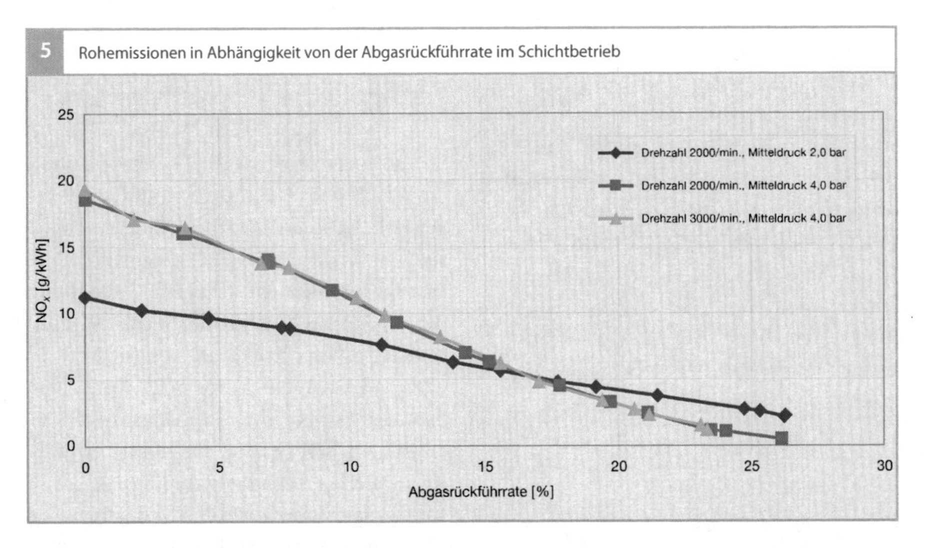

Bild 5
Die interne und die externe Abgasrückführung haben tendenziell die gleiche Wirkung

6 NO_x-Rohemissionen in Abhängigkeit von der Luftzahl λ und vom Zündwinkel α_z

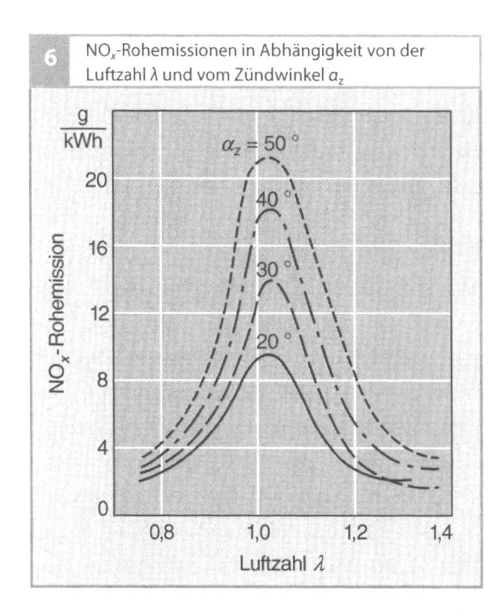

konvertiert werden. Es werden NO_x-Speicherkatalysatoren eingesetzt, welche die NO_x-Rohemissionen im Schichtbetrieb einspeichern und zyklisch durch eine kurze Anfettung regeneriert werden. Eine Reduktion der NO_x-Rohemissionen hat damit einen Einfluss auf den Kraftstoffverbrauch, da sich die NO_x-Einspeicherzeiten im Schichtbetrieb verlängern. Die Abgasrückführrate erhöht allerdings die Laufunruhe und die HC-Rohemissionen, so dass in der Applikation ein Kompromiss gefunden werden muss.

Einfluss des Zündzeitpunkts

Im gesamten Bereich der Luftzahl λ nimmt die NO_x-Emission mit früherem Zündwinkel α_Z zu (Bild 6). Ursache dafür ist die höhere Brennraumspitzentemperatur bei früherem Zündzeitpunkt, die das chemische Gleichgewicht auf die Seite der NO_x-Bildung verschiebt und vor allem die Reaktionsgeschwindigkeit der NO_x-Bildung erhöht.

Ruß-Emission

Ottomotoren weisen nahe des stöchiometrischen Luft-Kraftstoff-Gemischs im Gegensatz zu Dieselmotoren nur äußerst geringe Ruß-Emissionen auf. Ruß entsteht lokal bei diffusiver Verbrennung von sehr fettem Luft-Kraftstoff-Gemisch ($\lambda < 0{,}4$) bei hohen Verbrennungstemperaturen von bis zu 2 000 K. Diese Bedingungen können bei Benetzung der Kolben und des Brennraumdaches oder aufgrund von Restkraftstoff an den Einlassventilen und in Quetschspalten sowie unverbrannten Kraftstofftropfen auftreten. Da die Motortemperatur einen wesentlichen Einfluss auf die Ausbildung von benetzenden Kraftstofffilmen hat, beobachtet man hohe Rußemissionen in erster Linie im Kaltstart und während der Warmlaufphase des Motors. Daneben kann auch bei inhomogener Gasphase in lokalen Fettzonen Ruß gebildet werden. Im Schichtbetrieb bei Motoren mit Benzin-Direkteinspritzung kann es bei lokal sehr fetten Zonen oder Kraftstofftropfen zur Rußbildung kommen. Deshalb ist der Schichtbetrieb nur bis zu einer mittleren Drehzahl möglich, um sicherzustellen, dass die Zeit zur Luft-Kraftstoff-Gemischaufbereitung ausreichend groß ist.

Katalytische Abgasreinigung

Die Abgasgesetzgebung legt Grenzwerte für die Schadstoffemissionen von Kraftfahrzeugen fest. Zur Einhaltung dieser Grenzwerte sind motorische Maßnahmen allein nicht ausreichend, vielmehr steht beim Ottomotor die katalytische Nachbehandlung des Abgases zur Konvertierung der Schadstoffe im Vordergrund. Dafür durchströmt das Abgas einen oder mehrere im Abgastrakt sitzende Katalysatoren, bevor es ins Freie gelangt. An der Katalysatoroberfläche werden die im Abgas vorliegenden Schadstoffe durch chemische Reaktionen in ungiftige Stoffe umgewandelt.

7 Abgastrakt mit einem motornah eingebauten Dreiwegekatalysator und λ-Sonden

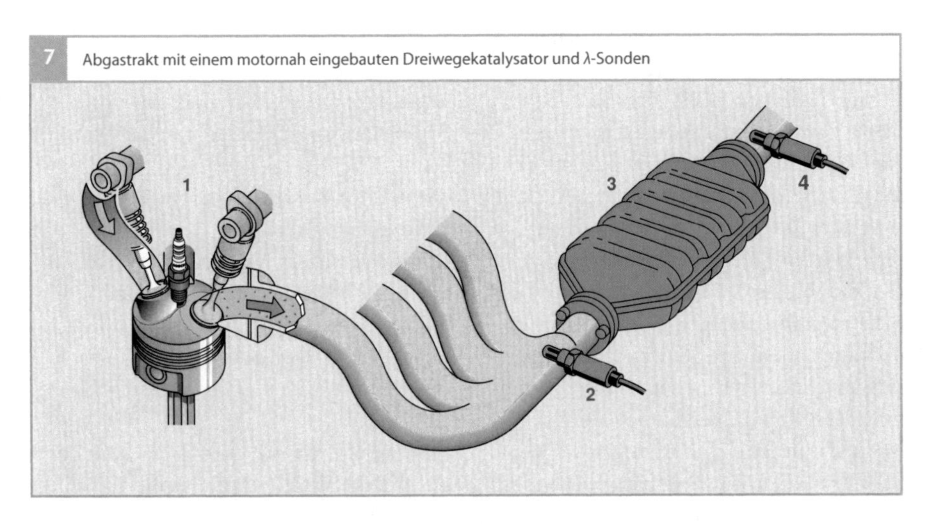

Bild 7
1 Motor
2 λ-Sonde vor dem Katalysator (Zweipunkt-Sonde oder Breitband-λ-Sonde, je nach System)
3 Dreiwegekatalysator
4 Zweipunkt-λ-Sonde hinter dem Katalysator (nur für Systeme mit Zwei-Sonden-λ-Regelung)

Übersicht

Die katalytische Nachbehandlung des Abgases mithilfe des Dreiwegekatalysators ist derzeit das wirkungsvollste Abgasreinigungsverfahren für Ottomotoren. Der Dreiwegekatalysator ist sowohl für Motoren mit Saugrohreinspritzung als auch mit Benzin-Direkteinspritzung ein Bestandteil des Abgasreinigungssystems (Bild 7).

Bei homogener Luft-Kraftstoff-Gemischverteilung mit stöchiometrischem Luft-Kraftstoff-Verhältnis ($\lambda = 1$) kann der betriebswarme Dreiwegekatalysator die Schadstoffe Kohlenmonoxid (CO), Kohlenwasserstoffe (HC) und Stickoxide (NO_x) nahezu vollständig umwandeln. Die genaue Einhaltung von $\lambda = 1$ erfordert jedoch eine Luft-Kraftstoff-Gemischbildung mittels elektronisch geregelter Benzineinspritzung; diese hat den bis zur Einführung des Dreiwegekatalysators hauptsächlich verwendeten Vergaser heute vollständig ersetzt. Eine präzise λ-Regelung überwacht die Zusammensetzung des Luft-Kraftstoff-Gemischs und regelt sie auf den Wert $\lambda = 1$. Obwohl diese idealen Bedingungen nicht in allen Betriebszuständen eingehalten werden können, kann im Mittel eine Schadstoffreduzierung um mehr als 98 % erreicht werden.

Da der Dreiwegekatalysator im mageren Betrieb (bei $\lambda > 1$) die Stickoxide nicht umsetzen kann, wird bei Motoren mit magerer Betriebsart zusätzlich ein NO_x-Speicherkatalysator eingesetzt. Eine andere Möglichkeit der NO_x-Minderung bei $\lambda > 1$ ist die selektive katalytische Reduktion (SCR, siehe z. B. [1, 2]). Dieses Verfahren wird bereits bei Diesel-Nfz und Diesel-Pkw eingesetzt. Die SCR-Technik findet jedoch bei Ottomotoren bisher keine Anwendung.

Der separate Oxidationskatalysator, der bei Dieselmotoren zur Oxidation von HC und CO angewendet wird, wird bei Ottomotoren nicht eingesetzt, da der Dreiwegekatalysator diese Funktion erfüllt.

Entwicklungsziele

Angesichts immer weiter herabgesetzter Emissionsgrenzwerte bleibt die Verringerung des Schadstoffausstoßes ein wichtiges Ziel der Motorenentwicklung. Während ein betriebswarmer Katalysator inzwischen sehr hohe Konvertierungsraten nahe 100 % erreicht, werden in der Kaltstart- und Aufwärmphase erheblich größere Mengen an Schadstoffen ausgestoßen als mit betriebswarmem Katalysator: Der Anteil der emittierten Schadstoffe aus dem Startprozess und der nachfolgenden Nachstartphase kann sowohl im europäischen als auch im amerikanischen Testzyklus (NEFZ bzw. FTP 75) bis zu 90 % der Gesamtemissionen ausmachen. Für eine Reduzierung der Emissionen ist es daher zwingend, sowohl ein schnelles Aufheizen des Katalysators zu erreichen, als auch möglichst niedrige Rohemissionen in der Startphase und während des Heizens des Katalysators zu erzeugen. Dies wird zum einen durch optimierte Softwaremaßnahmen, zum anderen aber auch durch eine Optimierung der Komponenten Katalysator und λ-Sonde erreicht. Das Anspringen des Katalysators im Kaltstart hängt maßgeblich von der Washcoattechnologie und der darauf abgestimmten Edelmetallbeladung ab. Eine frühe Betriebsbereitschaft der λ-Sonde ermöglicht ein schnelles Erreichen des λ-geregelten Betriebs verbunden mit einer Reduzierung der Emissionen auf Grund geringerer Abweichungen der Zusammensetzung des Luft-Kraftstoff-Gemischs vom Sollwert als bei rein gesteuertem Betrieb.

Katalysatorkonzepte

Katalysatoren lassen sich in kontinuierlich arbeitende Katalysatoren und diskontinuierlich arbeitende Katalysatoren unterteilen.

Kontinuierlich arbeitende Katalysatoren setzen die Schadstoffe ununterbrochen und ohne aktiven Eingriff in die Betriebsbedingungen des Motors um. Kontinuierlich arbeitende Systeme sind der Dreiwegekatalysator, der Oxidationskatalysator und der SCR-Katalysator (selektive katalytische Reduktion; Einsatz nur bei Dieselmotoren, siehe z. B. [1, 2]). Bei diskontinuierlich arbeitenden Katalysatoren gliedert sich der Betrieb in unterschiedliche Phasen, die jeweils durch eine aktive Änderung der Randbedingungen durch die Motorsteuerung eingeleitet werden. Der NO_x-Speicherkatalysator arbeitet diskontinuierlich: Bei Sauerstoffüberschuss im Abgas wird NO_x eingespeichert, für die anschließende Regenerationsphase wird kurzfristig auf fetten Betrieb (Sauerstoffmangel) umgeschaltet.

Katalysator-Konfigurationen

Randbedingungen

Die Auslegung der Abgasanlage wird durch mehrere Randbedingungen definiert: Aufheizverhalten im Kaltstart, Temperaturbelastung in der Volllast, Bauraum im Fahrzeug sowie Drehmoment und Leistungsentfaltung des Motors.

Die erforderliche Betriebstemperatur des Dreiwegekatalysators begrenzt die Einbaumöglichkeit. Motornahe Katalysatoren kommen in der Nachstartphase schnell auf Betriebstemperatur, können aber bei hoher Last und hoher Drehzahl sehr hoher thermischer Belastung ausgesetzt sein. Motorferne Katalysatoren sind diesen Temperaturbelastungen weniger ausgesetzt. Sie benötigen in der Aufheizphase aber mehr Zeit, um die Betriebstemperatur zu erreichen, sofern dies nicht durch eine optimierte Strategie zur Aufheizung des Katalysators (z. B. Sekundärlufteinblasung) beschleunigt wird.

Strenge Abgasvorschriften verlangen spezielle Konzepte zur Aufheizung des Katalysators beim Motorstart. Je geringer der Wärmestrom ist, der zum Aufheizen des Katalysators erzeugt werden kann, und je niedriger die Emissionsgrenzwerte liegen, desto näher am Motor sollte der Katalysator angeordnet sein – sofern keine zusätzlichen Maßnahmen zur Verbesserung des Aufheizverhaltens getroffen werden. Oft werden luftspaltisolierte Krümmer eingesetzt, die geringere Wärmeverluste bis zum Katalysator aufweisen, um damit eine größere Wärmemenge zum Aufheizen des Katalysators zur Verfügung zu stellen.

Vor- und Hauptkatalysator

Eine verbreitete Konfiguration beim Dreiwegekatalysator ist die geteilte Anordnung mit einem motornahen Vorkatalysator und einem Unterflurkatalysator (Hauptkatalysator). Motornahe Katalysatoren verlangen eine Optimierung der Beschichtung bezüglich der Hochtemperaturstabilität, Unterflurkatalysatoren hingegen werden hinsichtlich niedrige Anspringtemperatur (Low Temperature Light off) sowie einer guten NO_x-Konvertierung optimiert. Für eine schnellere Aufheizung und Schadstoffumwandlung ist der Vorkatalysator in der Regel kleiner und besitzt eine höhere Zelldichte sowie eine größere Edelmetallbeladung.

NO_x-Speicherkatalysatoren sind aufgrund ihrer geringeren maximal zulässigen Betriebstemperatur im Unterflurbereich angeordnet. Alternativ zu der klassischen Aufteilung in zwei separate Gehäuse und Anbaupositionen gibt es auch zweistufige Katalysatoranordnungen (Kaskadenkatalysatoren), in denen zwei Katalysatorträger in einem gemeinsamen Gehäuse hintereinander untergebracht sind. Damit kann das System kostengünstiger dargestellt werden. Die beiden Träger sind zur thermischen Entkopplung durch einen kleinen Luftspalt voneinander getrennt. Beim Kaskadenkatalysator ist die thermische Belastung des zweiten Katalysators aufgrund der räumlichen Nähe vergleichbar mit der des ersten Katalysators. Dennoch gestattet diese Anordnung eine unabhängige Optimierung der beiden Katalysatoren bezüglich Edelmetallbeladung, Zelldichte und Wandstärke. Der erste Katalysator besitzt im Allgemeinen eine größere Edelmetallbeladung und höhere Zelldichte für ein gutes Anspringverhalten im Kaltstart. Zwischen den beiden Trägern kann eine λ-Sonde für die Regelung und Überwachung der Abgasnachbehandlung angebracht sein.

Auch Konzepte mit nur einem Gesamtkatalysator kommen zum Einsatz. Mit modernen Beschichtungsverfahren ist es möglich, unterschiedliche Edelmetallbeladungen im vorderen und hinteren Teil des Katalysators zu erzeugen. Diese Konfiguration hat zwar geringere Auslegungsfreiheiten, ist jedoch mit vergleichsweise niedrigen Kosten umsetzbar. Sofern das zur Verfügung stehende Platzangebot es erlaubt, wird der Katalysator möglichst motornah angebracht. Bei Einsatz eines effektiven Katalysator-Aufheizverfahrens ist aber auch eine motorferne Positionierung möglich.

Mehrflutige Konfigurationen

Die Abgasstränge der einzelnen Zylinder werden vor dem Katalysator zumindest teilweise durch den Abgaskrümmer zusammengeführt. Bei Vierzylindermotoren kommen häufig Abgaskrümmer zum Einsatz, die alle vier Zylinder nach einer kurzen Strecke zusammenführen. Dies ermöglicht den Einsatz eines motornahen Katalysators, der bezüglich des Aufheizverhaltens günstig positioniert werden kann (Bild 8a).

Für eine leistungsoptimierte Motorauslegung werden bei Vierzylindermotoren bevorzugt 4-in-2-Abgaskrümmer eingesetzt, bei denen zunächst nur jeweils zwei Abgasstränge zusammengefasst werden. Damit kann der Abgasgegendruck reduziert werden. Die Positionierung eines Katalysators erst nach der zweiten Zusammenführung zu einem einzigen Gesamtabgasstrang ist für das Aufheizverhalten recht ungünstig. Daher werden teilweise bereits nach der ersten Zusammenführung zwei motornahe (Vor-)Katalysatoren eingebaut und ggf. nach der zweiten Zusammenführung noch ein weiterer (Haupt-)Katalysator eingesetzt (Bild 8b). Ähnlich stellt sich die Situation bei Motoren mit mehr als vier Zylindern dar, insbesondere bei Motoren mit mehr als einer Zylinderbank (V-Motoren). Auf jeder Bank können Vor- und Hauptkatalysatoren entsprechend der bisherigen Beschreibungen eingesetzt werden. Zu unterscheiden ist, ob die Abgasanlage komplett zweiflutig verläuft (Bild 8c) oder ob im Unterflurbereich eine Y-förmige Zusammenführung zu einem Gesamtabgasstrang erfolgt. Im letztgenannten Fall kann bei einer Konfiguration mit Vor- und Hauptkatalysatoren ein gemeinsamer Hauptkatalysator für beide Bänke zum Einsatz kommen (Bild 8d).

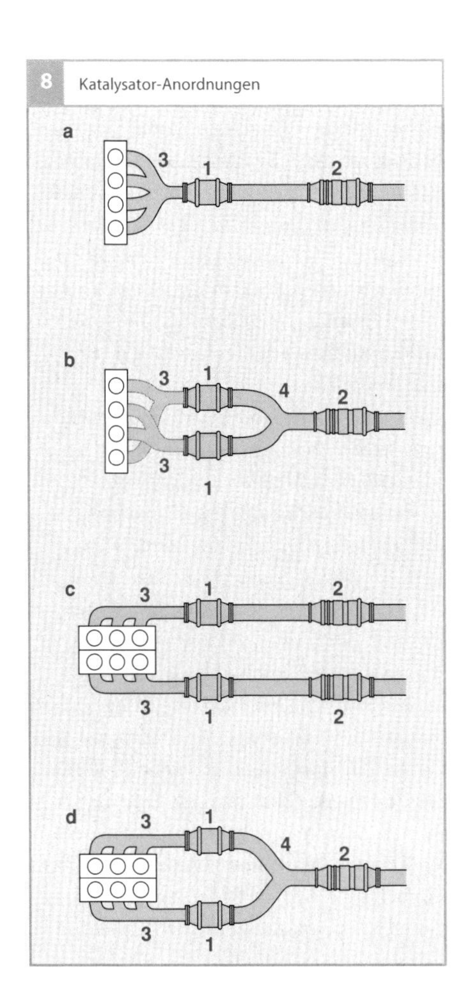

8 Katalysator-Anordnungen

Bild 8
1 Vorkatalysator
2 Hauptkatalysator
3 erste Zusammenführung
4 zweite Zusammenführung

a) Einsatz eines motornahen Vorkatalysators und eines Hauptkatalysators
b) 4-in-2-Abgaskrümmer für leistungsoptimierte Motorauslegung mit zwei motornahen Vorkatalysatoren und einem Hauptkatalysator
c) Motor mit mehr als einer Zylinderbank (V-Motor): Abgasanlage verläuft komplett zweiflutig mit je einem Vor- und einem Hauptkatalysator
d) Motor mit mehr als einer Zylinderbank (V-Motor): Y-förmige Zusammenführung im Unterflurbereich zu einem Gesamtabgasstrang mit einem gemeinsamen Hauptkatalysator für beide Bänke

Katalysatorheizkonzepte

Eine nennenswerte Konvertierung erreichen Katalysatoren erst ab einer bestimmten Betriebstemperatur (Anspringtemperatur, Light-off-Temperatur). Beim Dreiwegekatalysator beträgt sie ca. 300 °C, bei gealterten Katalysatoren kann diese Temperaturschwelle höher liegen. Bei zunächst kaltem Motor und kalter Abgasanlage muss der Katalysator daher möglichst schnell auf Betriebstemperatur aufgeheizt werden. Hierzu ist kurzfristig eine Wärmezufuhr erforderlich, die durch unterschiedliche Konzepte bereitgestellt werden kann.

Rein motorische Maßnahmen

Für ein effektives Heizen des Katalysators mit motorischen Maßnahmen muss sowohl die Abgastemperatur angehoben als auch der Abgasmassenstrom erhöht werden. Dies wird durch verschiedene Maßnahmen erreicht, die alle den motorischen Wirkungsgrad verschlechtern und somit einen erhöhten Abgaswärmestrom erzeugen.

Die Wärmestromanforderung an den Motor ist abhängig von der Katalysatorposition und der Auslegung der Abgasanlage, da bei kalter Abgasanlage das Abgas auf dem Weg zum Katalysator abkühlt.

Zündwinkelverstellung

Die zentrale Maßnahme zur Erhöhung des Abgaswärmestroms ist die Zündwinkelverstellung in Richtung „spät“. Die Verbrennung wird möglichst spät eingeleitet und findet in der Expansionsphase statt. Am Ende der Expansionsphase hat das Abgas dann noch eine relativ hohe Temperatur. Auf den Motorwirkungsgrad wirkt sich die späte Verbrennung ungünstig aus.

Leerlaufdrehzahl

Als unterstützende Maßnahme wird i. A. zusätzlich die Leerlaufdrehzahl angehoben und damit der Abgasmassenstrom erhöht. Die höhere Drehzahl gestattet eine stärkere Spätverstellung des Zündwinkels; um eine sichere Entflammung zu gewährleisten, sind die Zündwinkel jedoch ohne weitere Maßnahmen auf etwa 10 ° bis 15 ° nach dem oberen Totpunkt begrenzt. Die dadurch begrenzte Heizleistung genügt nicht immer, um die aktuellen Emissionsgrenzwerte zu erreichen.

Auslassnockenwellenverstellung
Ein weiterer Beitrag zur Erhöhung des Wärmestroms kann ggf. durch eine Auslassnockenwellenverstellung erreicht werden. Durch ein möglichst frühes Öffnen der Auslassventile wird die ohnehin spät stattfindende Verbrennung frühzeitig abgebrochen und damit die erzeugte mechanische Energie weiter reduziert. Die entsprechende Energiemenge steht als Wärmemenge im Abgas zur Verfügung.

Homogen-Split
Bei der Benzin-Direkteinspritzung gibt es grundsätzlich die Möglichkeit der Mehrfacheinspritzung. Dies erlaubt es, ohne zusätzliche Komponenten, den Katalysator schnell auf Betriebstemperatur aufheizen zu können. Bei der Maßnahme „Homogen-Split" wird zunächst durch Einspritzen während des Ansaugtakts ein homogenes mageres Grundgemisch erzeugt. Eine anschließende kleine Einspritzung während des Verdichtungstakts oder auch nahe der Zündung nach OT ermöglicht sehr späte Zündzeitpunkte (etwa 20 ° bis 30 ° nach OT) und führt zu hohen Abgaswärmeströmen. Die erreichbaren Abgaswärmeströme sind vergleichbar mit denen einer Sekundärlufteinblasung.

Sekundärlufteinblasung
Durch thermische Nachverbrennung von unverbrannten Kraftstoffbestandteilen lässt sich die Temperatur im Abgassystem erhöhen. Hierzu wird ein fettes ($\lambda = 0{,}9$) bis sehr fettes ($\lambda = 0{,}6$) Grundgemisch eingestellt. Über eine Sekundärluftpumpe wird dem Abgassystem Sauerstoff zugeführt, sodass sich eine magere Zusammensetzung im Abgas ergibt.

Bei sehr fettem Grundgemisch ($\lambda = 0{,}6$) oxidieren die unverbrannten Kraftstoffbestandteile oberhalb einer bestimmten Temperaturschwelle exotherm. Um diese Temperatur zu erreichen, muss einerseits mit späten Zündwinkeln das Temperaturniveau erhöht werden und andererseits die Sekundärluft möglichst nahe an den Auslassventilen eingeleitet werden. Die exotherme Reaktion im Abgassystem erhöht den Wärmestrom in den Katalysator und verkürzt somit die Aufheizdauer. Zudem werden die HC- und CO-Emissionen im Vergleich zu rein motorischen Maßnahmen noch vor Eintritt in den Katalysator reduziert.

Bei weniger fettem Grundgemisch ($\lambda = 0{,}9$) findet vor dem Katalysator keine nennenswerte Reaktion statt. Die unverbrannten Kraftstoffbestandteile oxidieren erst im Katalysator und heizen diesen somit von innen auf. Dazu muss jedoch zunächst die Stirnfläche des Katalysators durch konventionelle Maßnahmen (wie Zündwinkelspätverstellung) auf Betriebstemperatur gebracht werden. In der Regel wird ein weniger fettes Grundgemisch eingestellt, da bei einem sehr fetten Grundgemisch die exotherme Reaktion vor dem Katalysator nur unter stabilen Randbedingungen zuverlässig abläuft.

Die Sekundärlufteinblasung erfolgt mit einer elektrischen Sekundärluftpumpe (Bild 9, Pos. 1), die aufgrund des hohen Strombedarfs über ein Relais (3) geschaltet wird. Das Sekundärluftventil (5) verhindert das Rückströmen von Abgas in die Pumpe und muss bei ausgeschalteter Pumpe geschlossen sein. Es ist entweder ein passives

9 Sekundärluftsystem

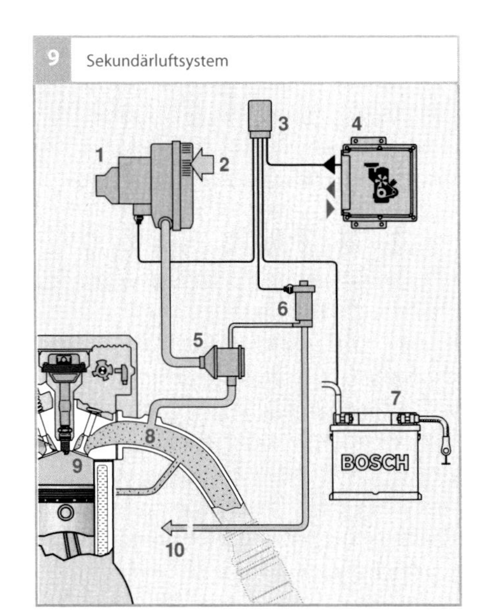

Bild 9
1 Sekundärluftpumpe
2 angesaugte Luft
3 Relais
4 Motorsteuergerät
5 Sekundärluftventil
6 Steuerventil
7 Batterie
8 Einleitstelle ins Abgasrohr
9 Auslassventil
10 zum Saugrohranschluss

Rückschlagventil oder es wird rein elektrisch oder pneumatisch angesteuert. Im letzten Fall wird wie hier dargestellt ein elektrisch betätigtes Steuerventil (6) benötigt. Bei betätigtem Steuerventil öffnet das Sekundärluftventil durch den Saugrohrunterdruck. Die Koordination des Sekundärluftsystems wird von dem Motorsteuergerät (4) übernommen.

λ-Regelkreis

Aufgabe

Damit die Konvertierungsraten des Dreiwegekatalysators für die Schadstoffkomponenten HC, CO und NO_x möglichst hoch sind, müssen die Reaktionskomponenten im stöchiometrischen Verhältnis vorliegen. Das erfordert, dass das stöchiometrische Luft-Kraftstoff-Verhältnis sehr genau eingehalten wird und eine Luft-Kraftstoff-Gemischzusammensetzung mit $\lambda = 1{,}0$ vorliegt. Um bei der Luft-Kraftstoff-Gemischbildung diesen Sollwert im Motorbetrieb einstellen zu können, wird der Vorsteuerung des Luft-Kraftstoff-Gemischs ein Regelkreis überlagert, da allein mit einer Steuerung der Kraftstoffzumessung keine ausreichende Genauigkeit erzielt wird.

Arbeitsweise

Mit dem λ-Regelkreis können Abweichungen von einem bestimmten Luft-Kraftstoff-Verhältnis erkannt und über die Menge des eingespritzten Kraftstoffs korrigiert werden. Als Maß für die Zusammensetzung des Luft-Kraftstoff-Gemischs dient der Restsauerstoffgehalt im Abgas, der mittels λ-Sonden gemessen wird.

Das Funktionsschema der λ-Regelung ist in Bild 10 dargestellt. In Abhängigkeit von der Art der Sonde vor dem Katalysator (Pos. 3a) wird zwischen einer Zweipunkt-λ-Regelung oder einer stetigen λ-Regelung unterschieden.

Bei der Zweipunkt-λ-Regelung, die nur auf den Wert $\lambda = 1$ regeln kann, sitzt eine Zweipunkt-λ-Sonde im Abgastrakt vor dem Vorkatalysator (4). Der Einsatz einer Breitband-λ-Sonde vor dem Vorkatalysator hingegen erlaubt eine stetige λ-Regelung auch auf λ-Werte, die vom Wert 1 abweichen.

Eine größere Genauigkeit wird durch eine Zweisonden-Regelung erreicht, bei der sich hinter dem Vorkatalysator (4) eine zweite λ-Sonde (3b) befindet. Der erste λ-Regelkreis basierend auf dem Signal der Sonde vor dem Katalysator wird durch eine zweite λ-Regelschleife basierend auf dem Signal der λ-Sonde hinter dem Katalysator korrigiert.

Zweipunkt-Regelung

Die Zweipunkt-λ-Regelung regelt die Luftzahl auf $\lambda = 1$ ein. Eine Zweipunkt-λ-Sonde als Messsensor im Abgasrohr liefert kontinuierlich Informationen darüber, ob das Luft-Kraftstoff-Gemisch fetter oder magerer als $\lambda = 1$ ist. Eine hohe Sondenspannung (z. B. 800 mV) zeigt ein fettes, eine niedrige Sondenspannung (z. B. 200 mV) ein mageres

10 Funktionsschema der λ-Regelung

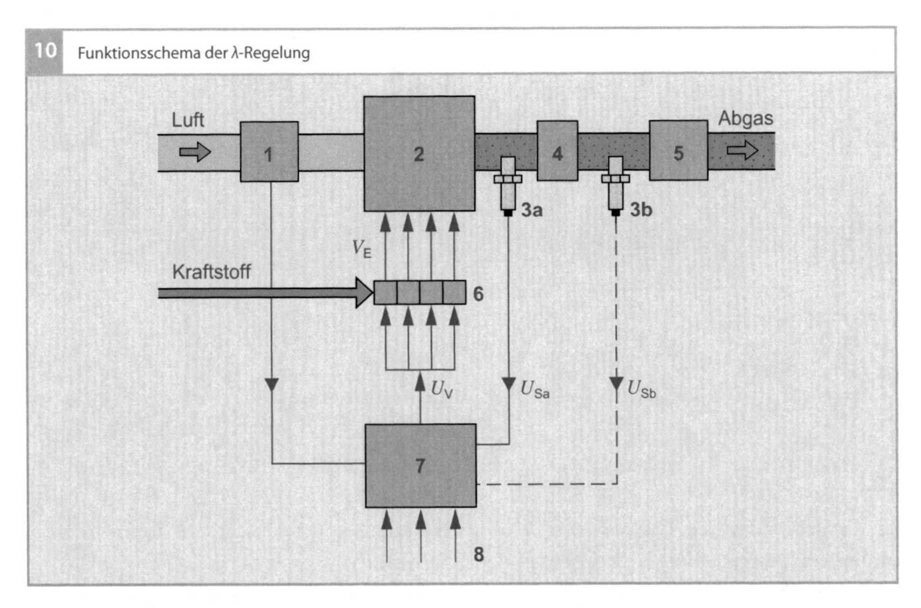

Bild 10
1 Luftmassenmesser
2 Motor
3a λ-Sonde vor dem Vorkatalysator (Zweipunkt-λ-Sonde oder Breitband-λ-Sonde)
3b Zweipunkt-λ-Sonde hinter dem Vorkatalysator
4 Vorkatalysator (Dreiwegekatalysator)
5 Hauptkatalysator (Dreiwegekatalysator)
6 Einspritzventile
7 Motorsteuergerät
8 Eingangssignale
U_S Sondenspannung
U_V Ventilsteuerspannung
V_E Einspritzmenge

Luft-Kraftstoff-Gemisch an.

Bei jedem Übergang von fettem zu magerem sowie von magerem zu fettem Luft-Kraftstoff-Gemisch weist das Ausgangssignal der Sonde einen Spannungssprung auf, der von einer Regelschaltung ausgewertet wird. Bei jedem Spannungssprung ändert die Stellgröße ihre Stellrichtung. Die Stellgröße (Regelfaktor) korrigiert multiplikativ die Gemischvorsteuerung und erhöht oder vermindert damit die Einspritzmenge.

Die Stellgröße ist aus einem Sprung und einer Rampe (Bild 11) zusammengesetzt. Das bedeutet, dass bei einem Sprung des Sondensignals das Luft-Kraftstoff-Gemisch zunächst um einen bestimmten Betrag sofort sprunghaft verändert wird, um möglichst schnell eine Gemischkorrektur herbeizuführen. Anschließend folgt die Stellgröße einer rampenförmigen Anpassungsfunktion, bis erneut ein Spannungssprung des Sondensignals erfolgt. Die Amplitude dieser Stellgröße wird hierbei typisch im Bereich von 2...3 % festgelegt. Das Luft-Kraftstoff-Gemisch wechselt somit ständig seine Zusammensetzung in einem sehr engen Bereich um $\lambda = 1$. Hierdurch ergibt sich eine beschränkte Reglerdynamik, welche durch die Totzeit im System (die im wesentlichen aus der Gaslaufzeit besteht) und die Gemischkorrektur (in Form der Steigung der Rampe) bestimmt ist.

Die typische Abweichung des Sauerstoffnulldurchgangs und damit des Sprungs der λ-Sonde vom theoretischen Wert bei $\lambda = 1$ bedingt durch die Variation der Abgaszusammensetzung, kann kompensiert werden, indem der Stellgrößenverlauf asymmetrisch gestaltet wird (Fett- oder Mager-Verschiebung). Bevorzugt wird hierbei das Festhalten des Rampenendwerts für eine gesteuerte Verweilzeit t_V nach dem Sondensprung (Bild 11): Bei der Verschiebung nach „fett" verharrt die Stellgröße für eine Verweilzeit t_V noch auf Fettstellung, obwohl das Sondensignal bereits in Richtung fett gesprungen ist. Erst nach Ablauf der Verweilzeit schließen sich Sprung und Rampe der Stellgröße in Richtung „mager" an. Springt das Sondensignal anschließend in Richtung „mager", re-

11 Stellgrößenverlauf mit gesteuerter λ-Verschiebung

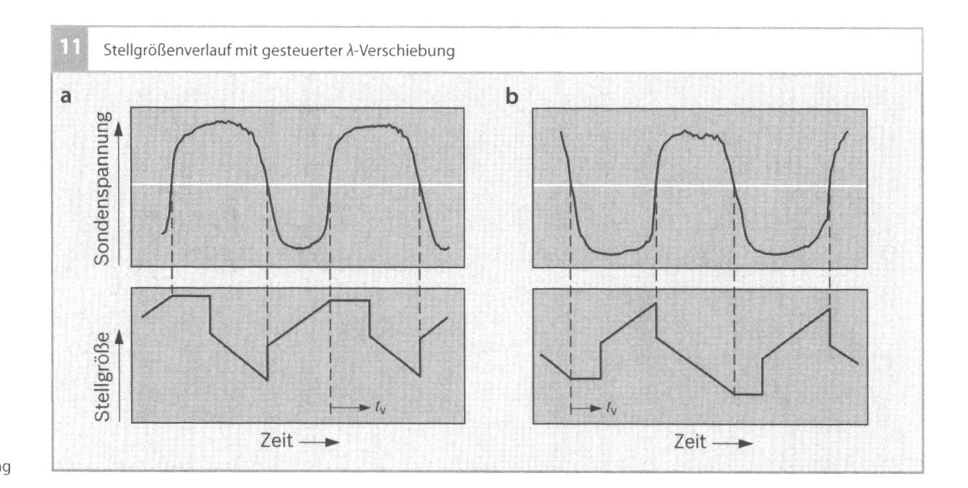

Bild 11
t_V Verweilzeit nach Sondensprung
a) Fettverschiebung
b) Magerverschiebung

gelt die Stellgröße direkt dagegen (mit Sprung und Rampe), ohne auf der Magerstellung zu verharren.

Bei der Verschiebung nach „mager" verhält es sich umgekehrt: Zeigt das Sondensignal mageres Luft-Kraftstoff-Gemisch an, so verharrt die Stellgröße für die Verweilzeit t_V auf Magerstellung und regelt dann erst in Richtung „fett". Beim Sprung des Sondensignals von „mager" nach „fett" wird hingegen sofort entgegengesteuert.

Stetige λ-Regelung
Die Dynamik einer Zweipunkt-λ-Regelung kann verbessert werden, wenn die Abweichung von $\lambda = 1$ tatsächlich gemessen wird. Die Breitband-λ-Sonde liefert ein stetiges Signal. Damit kann auch die Abweichung von $\lambda = 1$ gemessen und direkt bewertet werden. Mit der Breitbandsonde lässt sich damit eine kontinuierliche Regelung auf den Sollwert $\lambda = 1$ mit stationär sehr kleiner Amplitude in Verbindung mit hoher Dynamik erreichen. Die Parameter dieser Regelung werden in Abhängigkeit von den Betriebspunkten des Motors berechnet und angepasst. Vor allem die unvermeidlichen Restfehler der stationären und instationären Vorsteuerung können mit dieser Art der λ-Regelung deutlich schneller kompensiert werden.

Die Breitband-λ-Sonde ermöglicht es darüber hinaus, auch auf Soll-Gemischzusammensetzungen zu regeln, die von $\lambda = 1$ abweichen. Der Messbereich erstreckt sich auf λ-Werte im Bereich von $\lambda = 0{,}7$ bis „reine Luft" (theoretisch $\lambda \rightarrow \infty$), der Bereich der aktiven λ-Regelung ist je nach Anwendungsfall begrenzt. Damit lässt sich eine geregelte Anfettung ($\lambda < 1$) z. B. für den Bauteileschutz wie auch eine geregelte Abmagerung ($\lambda > 1$) z. B. für einen mageren Warmlauf beim Katalysatorheizen realisieren. Entsprechend Bild 3 können dadurch die HC-Emissionen bei noch nicht erreichter Anspringtemperatur des Katalysators reduziert werden. Die stetige λ-Regelung ist damit für den mageren und fetten Betrieb geeignet.

Zweisonden-Regelung
Die λ-Regelung mit der λ-Sonde vor dem Katalysator hat eine eingeschränkte Genauigkeit, da die Sonde starken Belastungen (Vergiftungen, ungereinigtes Abgas) ausgesetzt ist. Der Sprungpunkt einer Zweipunktsonde bzw. die Kennlinie einer Breitbandsonde können sich z. B. durch geänderte Abgaszusammensetzungen verschieben.

Eine λ-Sonde hinter dem Katalysator ist diesen Einflüssen in wesentlich geringerem Maße ausgesetzt. Eine λ-Regelung, die alleine auf der Sonde hinter dem Katalysator basiert, hat jedoch wegen der langen Gaslaufzeiten Nachteile in der Dynamik, insbesondere reagiert sie auf Luft-Kraftstoff-Gemischänderungen träger.

Eine größere Genauigkeit wird mit der Zweisonden-Regelung (wie in Bild 10 dargestellt) erreicht. Dabei wird der beschriebenen schnellen Zweipunkt- oder der stetigen λ-Regelung über eine zusätzliche Zweipunkt-λ-Sonde hinter dem Katalysator (Bild 12a) eine langsamere Korrekturregelschleife überlagert. Bei der so entstandenen Kaskadenregelung wird die Sondenspannung der Zweipunkt-Sonde hinter dem Katalysator mit einem Sollwert (z. B. 600 mV) verglichen. Darauf basierend wertet die Regelung die Abweichungen vom Sollwert aus und verändert additiv zur vorgesteuerten Verweilzeit t_V die Fett- bzw. Magerverschiebung der inneren Regelschleife einer Zweipunktregelung oder den Sollwert einer stetigen Regelung.

Dreisonden-Regelung
Sowohl aus Sicht der Katalysatordiagnose (zur getrennten Überwachung des Vor- und des Hauptkatalysators) als auch der Abgaskonstanz ist zur Erfüllung der strengen US-Abgasvorschrift SULEV (Super Ultra Low Emission Vehicle, Kategorie der kalifornischen Abgasgesetzgebung) der Einsatz einer dritten Sonde hinter dem Hauptkatalysator empfehlenswert (Bild 12b). Das Zweisondenregelsystem (mit einer Einfachkaskade) wird durch eine extrem langsame Regelung mit der dritten Sonde hinter dem Hauptkatalysator erweitert.

Da die Anforderungen an die Einhaltung der SULEV-Grenzwerte für eine Laufleistung von 150 000 Meilen gelten, kann die Alterung des Vorkatalysators dazu führen, dass die λ-Messung mit der Zweipunkt-Sonde hinter dem Vorkatalysator an Genauigkeit verliert. Dies wird durch die Regelung mit der Zweipunkt-Sonde hinter dem Hauptkatalysator kompensiert.

12 Einbauorte der λ-Sonde

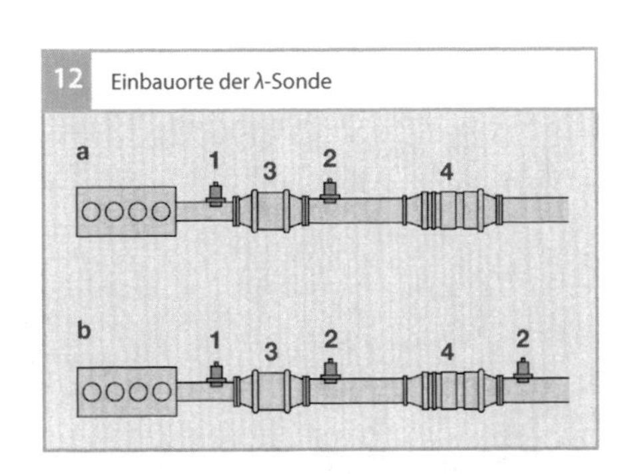

Bild 12
a) Zweisonden-Regelung
b) Dreisonden-Regelung

1 Zweipunkt- oder Breitband-λ-Sonde
2 Zweipunkt-λ-Sonde
3 Vorkatalysator
4 Hauptkatalysator

Regelung des NO_x-Speicherkatalysators

λ-Regelung bei der Benzin-Direkteinspritzung

Bei Systemen mit Benzin-Direkteinspritzung können unterschiedliche Betriebsarten realisiert werden. Die Auswahl der jeweiligen Betriebsart erfolgt in Abhängigkeit vom Betriebspunkt des Motors und wird von der Motorsteuerung eingestellt. Im Homogenbetrieb unterscheidet sich die λ-Regelung nicht von den bisher aufgeführten Regelstrategien. In den Schichtbetriebsarten ($\lambda > 1$) ist eine Abgasnachbehandlung mit einem NO_x-Speicherkatalysator notwendig. Der Dreiwegekatalysator kann die NO_x-Emissionen im mageren Betrieb nicht konvertieren. Die λ-Regelung ist in diesen Betriebsarten deaktiviert.

Regelung des NO_x-Speicherkatalysators

Für Systeme, die zusätzlich einen mageren Motorbetrieb ($\lambda > 1$) unterstützen, ist eine Regelung des NO_x-Speicherkatalysators (Bild 13) notwendig.

Der NO_x-Speicherkatalysator ist ein diskontinuierlich arbeitender Katalysator. In einer ersten Betriebsphase mit Magerbetrieb werden die NO_x-Emissionen eingespeichert. Ist die NO_x-Speicherfähigkeit des Katalysa-

13 Abgastrakt mit Dreiwegekatalysator als Vorkatalysator und nachgeschaltetem NO_x-Speicherkatalysator und λ-Sonden

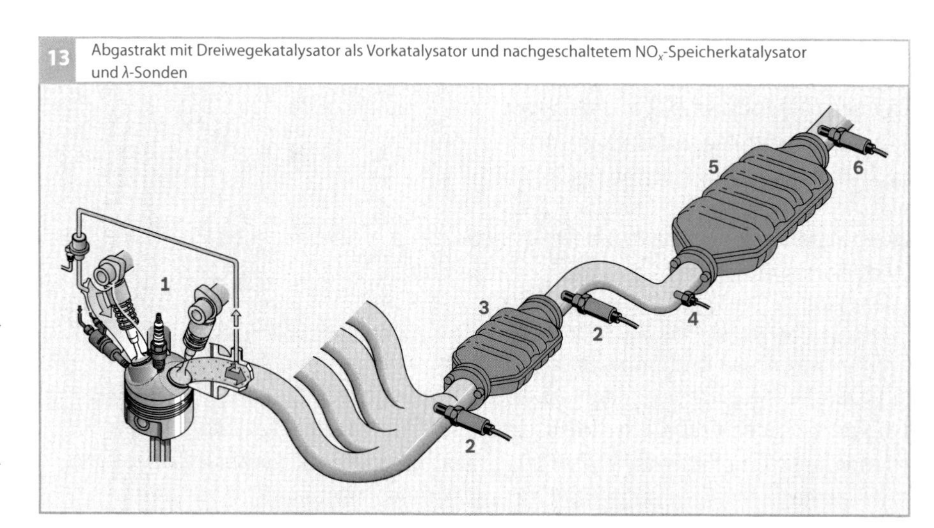

Bild 13
1 Motor mit Abgasrückführsystem
2 λ-Sonde
3 Dreiwegekatalysator (Vorkatalysator)
4 Temperatursensor
5 NO_x-Speicherkatalysator (Hauptkatalysator)
6 NO_x-Sensor mit integrierter Zweipunkt-λ-Sonde

tors erschöpft, wird durch einen aktiven Eingriff in der Motorsteuerung in eine zweite Betriebsphase umgeschaltet, welche kurzzeitig fetten Motorbetrieb zur Regeneration des NO_x-Speichers liefert. Die Aufgabe der Regelung des NO_x-Speicherkatalysators besteht darin, den Füllstand des NO_x-Speicherkatalysators zu beschreiben und zu entscheiden, ab wann die Regeneration durchgeführt werden muss. Des Weiteren muss entschieden werden, ab wann wieder in den Magerbetrieb umgeschaltet werden kann. Der Kraftstoffverbrauchsvorteil durch die Schichtbetriebsart überwiegt in Summe deutlich dem Kraftstoffverbrauchsnachteil durch die Regeneration mit fettem Luft-Kraftstoff-Gemisch. In Bild 14 sind schematisch die NO_x-Massenströme vor und nach dem NO_x-Speicherkatalysator dargestellt.

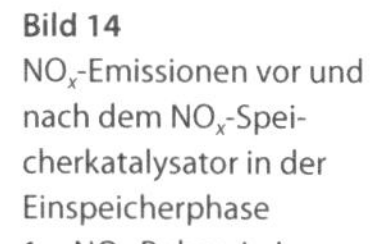

Bild 14
NO_x-Emissionen vor und nach dem NO_x-Speicherkatalysator in der Einspeicherphase
1 NO_x-Rohemission
2 modellierter NO_x-Massenstrom hinter dem NO_x-Speicherkatalysator

14 Schematische Darstellung der NO_x-Massenströme während der Einspeicherphase

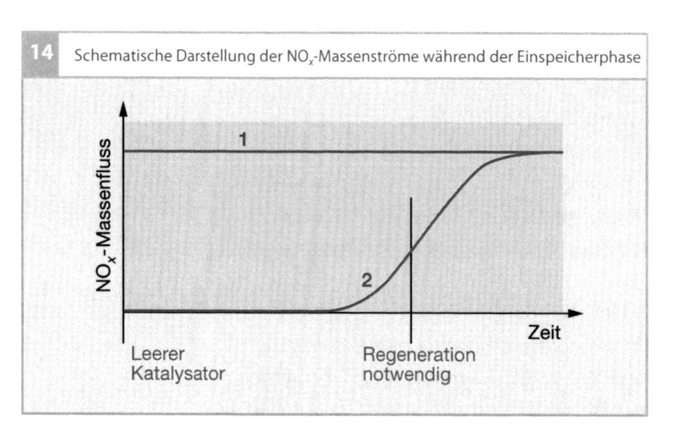

NO_x-Einspeicherphase
Zur Regelung des NO_x-Speicherkatalysators wird der NO_x-Rohmassenstrom in Abhängigkeit von Betriebsparametern modelliert; er ist in Bild 14 beispielhaft als konstant dargestellt. Dieser Massenstrom dient als Eingang in ein NO_x-Einspeichermodell, welches sowohl den Füllstand als auch die NO_x-Emissionen hinter dem Katalysator modelliert. Zu Beginn der Einspeicherphase wird die NO_x-Rohemission nahezu vollständig eingespeichert, der modellierte NO_x-Massenstrom hinter Katalysator ist nahezu null. Mit zunehmender Einspeicherung steigen die NO_x-Emissionen hinter NO_x-Speicherkatalysator an. Die Regelung entscheidet, zu welchem Zeitpunkt der Wirkungsgrad der Einspeicherung nicht mehr ausreicht, und triggert eine NO_x-Regeneration. Das Modell kann durch den dem NO_x-Speicherkatalysator nachgeschalteten NO_x-Sensor adaptiert werden.

NO_x-Regenerationsphase
Die Regenerationsphase wird auch Ausspeicherphase genannt. Zur Regeneration des NO_x-Speicherkatalysators wird von der Schichtbetriebsart in den Homogenbetrieb umgeschaltet und angefettet ($\lambda = 0{,}8\ldots0{,}9$), um die eingespeicherten NO_x-Emissionen durch Fettgas konvertieren zu können. Das Ende der Regenerationsphase und damit der Trigger für die Umschaltung in die Schichtbetriebsart, wird durch zwei Verfahren bestimmt: Beim ersten, modellgestützten Verfahren erreicht die berechnete Menge des noch im Speicherkatalysator vorhandenen NO_x eine untere Grenze. Beim zweiten Verfahren misst die im NO_x-Sensor integrierte λ-Sonde die Sauerstoffkonzentration im Abgas hinter dem NO_x-Speicherkatalysator und zeigt einen Spannungssprung von „mager" nach „fett", wenn die Regeneration beendet ist.

Dreiwegekatalysator

Arbeitsweise

Der Dreiwegekatalysator wandelt die bei der Verbrennung des Luft-Kraftstoff-Gemischs entstehenden Schadstoffkomponenten Kohlenwasserstoffe (HC), Kohlenmonoxid (CO) und Stickoxide (NO_x) in ungiftige Bestandteile um. Als Endprodukte entstehen Wasserdampf (H_2O), Kohlendioxid (CO_2) und Stickstoff (N_2).

Konvertierung der Schadstoffe
Die Konvertierung der Schadstoffe lässt sich in Oxidations- und Reduktionsreaktionen unterteilen. Die Oxidation von Kohlenmonoxid und Kohlenwasserstoffen verläuft beispielsweise nach folgenden Gleichungen:

$$2\,CO + O_2 \rightarrow 2\,CO_2 \quad (1)$$

$$2\,C_2H_6 + 7\,O_2 \rightarrow 4\,CO_2 + 6\,H_2O \quad (2)$$

Die Reduktion von Stickoxiden läuft gemäß folgender, beispielhafter Gleichungen ab:

$$2\,NO + 2\,CO \rightarrow N_2 + 2\,CO_2 \quad (3)$$

$$2\,NO_2 + 2\,CO \rightarrow N_2 + 2\,CO_2 + O_2 \quad (4)$$

Der für die Oxidation von Kohlenwasserstoffen und Kohlenmonoxid benötigte Sauerstoff wird entweder direkt dem Abgas oder den im Abgas vorhandenen Stickoxiden entzogen, abhängig von der Zusammensetzung des Luft-Kraftstoff-Gemischs. Bei $\lambda = 1$ stellt sich ein Gleichgewicht zwischen den Oxidations- und den Reduktionsreaktionen ein. Der Restsauerstoffgehalt im Abgas bei $\lambda = 1$ (ca. 0,5 %) und der im Stickoxid gebundene Sauerstoff ermöglichen eine vollständige Oxidation von Kohlenwasserstoffen und Kohlenmonoxid; gleichzeitig werden dadurch die Stickoxide reduziert. Somit dienen Kohlenwasserstoffe und Kohlenmonoxid als Reduktionsmittel für die Stickoxide.

Sauerstoffspeicherkomponenten werden bei der Herstellung der Beschichtung von Dreiwegekatalysatoren eingesetzt. Die wichtigste Substanz ist das Ceroxid. Sauerstoffspeicherkomponenten gleichen die Luftzahlschwankungen bei auf $\lambda = 1$ geregelten Motoren aus, in dem sie ihre Oxidationsstufe z. B. von +III auf +IV und umgekehrt wechseln und dabei Sauerstoff einspeichern und freisetzen können. Man erzielt dadurch eine im Bereich der Reaktionszone des Katalysators konstante Luftzahl. Daneben basieren die aktuell zur Bestimmung des Katalysatorzustands eingesetzten On-Board-Diagnose-Funktionen auf der Fähigkeit des Katalysators, Sauerstoff einzuspeichern und freizusetzen. Diese Fähigkeit nimmt ebenso wie seine Edelmetallaktivität mit zunehmender Alterung ab und kann mit Hilfe der vor und hinter dem Katalysator angeordneten λ-Sonden bestimmt werden. Dabei laufen folgende Reaktionen ab:

$$2\,Ce_2O_3 + O_2 \leftrightarrow 4\,CeO_2 \quad \text{für } \lambda > 1, \quad (5)$$

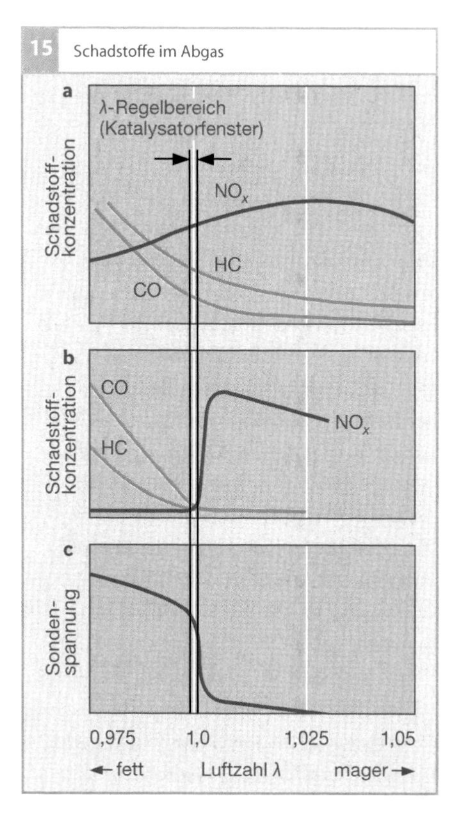

15 Schadstoffe im Abgas

Bild 15
a vor der katalytischen Nachbehandlung (im Rohabgas)
b nach der katalytischen Nachbehandlung
c Spannungskennlinie der Zweipunkt-λ-Sonde

$$2\,CeO_2 + CO \leftrightarrow Ce_2O_3 + CO_2 \quad \text{für } \lambda < 1. \tag{6}$$

Bei andauerndem Sauerstoffüberschuss ($\lambda > 1$) werden Kohlenwasserstoffe und Kohlenmonoxid durch den im Abgas vorhandenen Sauerstoff oxidiert. Daher stehen sie nicht für die Reduktion der Stickoxide zur Verfügung. Die NO_x-Rohemissionen werden daher unbehandelt freigesetzt. Bei andauerndem Sauerstoffmangel ($\lambda < 1$) laufen die Reduktionsreaktionen der Stickoxide mit Kohlenwasserstoffen und Kohlenmonoxid als Reduktionsmittel ab. Überschüssige Kohlenwasserstoffe und überschüssiges Kohlenmonoxid, die mangels Sauerstoff nicht umgesetzt werden können, werden unbehandelt freigesetzt.

Konvertierungsrate

Die Menge der freigesetzten Schadstoffe ergibt sich aus der Konzentration der Schadstoffe im Rohabgas (Bild 15a) und aus der Konvertierungsrate, d. h. aus dem Anteil, der im Katalysator umgewandelt werden kann. Beide Größen hängen von der eingestellten Luftzahl λ ab. Eine für alle drei Schadstoffkomponenten möglichst hohe Konvertierungsrate erfordert eine Luft-Kraftstoff-Gemischzusammensetzung im stöchiometrischen Verhältnis mit $\lambda = 1{,}0$. Der λ-Regelbereich, in dem das Luft-Kraftstoff-Verhältnis λ liegen muss, ist damit sehr klein. Die Luft-Kraftstoff-Gemischbildung muss daher in einem λ-Regelkreis nachgeführt werden.

Die Konvertierungsraten für HC und CO nehmen mit zunehmender Luftzahl stetig zu, d. h., die Emissionen nehmen ab (Bild 15b). Bei $\lambda = 1$ ist der Anteil dieser Schadstoffkomponenten nur noch sehr gering. Mit höherer Luftzahl ($\lambda > 1$) bleibt die Konzentration dieser Schadstoffe auf diesem niedrigen Niveau. Die Konvertierung der Stickoxide (NO_x) ist im fetten Bereich ($\lambda < 1$) gut. Ab $\lambda = 1$ behindert schon eine geringe Erhöhung des Sauerstoffanteils im Abgas die Reduktion der Stickoxide und lässt deren Konzentration steil ansteigen. Diese starke Änderung der Abgaszusammensetzung nach dem Dreiwegekatalysator spiegelt sich auch in der Spannungskennlinie einer Zweipunkt-λ-Sonde wieder (Bild 15c), deren Platin-Elektroden ebenfalls als Katalysator wirken.

Aufbau

Der Katalysator (Bild 16) besteht im Wesentlichen aus einem Blechbehälter als Gehäuse (6), einem Träger (5) und einer Trägerschicht (Washcoat) mit der aktiven katalytischen Edelmetallbeschichtung (4).

Träger

Als Trägermaterial für die katalytisch aktive Beschichtung am weitesten verbreitet ist heute die Keramik. Als Alternative zu Keramikträgern werden in geringerem Umfang auch Metallträger eingesetzt. Der Träger hat zunächst keine katalytischen Eigenschaften, sondern soll der aktiven Beschichtung eine möglichst große Oberfläche und gute Hafteigenschaften bieten. Dennoch spielt der Träger eine Rolle bei der Auslegung des Abgasreinigungssystems. Anforderungen an den Träger sind: Geringer Gegendruckaufbau im Abgassystem, eine geringe Masse, eine hohe mechanische und thermische Stabilität, ein geringes thermisches Ausdehnungsverhalten, die Freiheit bei der äußeren Formgebung (Kontur) und nicht zuletzt eine kostengünstige Ausführung.

Keramische Monolithen

Keramische Monolithen sind Keramikkörper, die von mehreren tausend kleinen Kanälen durchzogen sind. Es handelt sich um monolithische Strukturen, die durch Extrudieren der Rohmaterialmischung und anschließendes Brennen hergestellt werden. Diese Kanäle werden vom Abgas durchströmt. Die Keramik besteht aus hochtemperaturfestem Magnesium-Aluminium-Silikat. Der auf mechanische Spannungen empfindlich reagierende Monolith ist in einem Blechgehäuse befestigt. Hierzu werden mineralische Quellmatten (Bild 16, Pos. 2) verwendet, die sich beim ersten Aufheizen bleibend ausdehnen und gleichzeitig für Gasdichtheit sorgen. Die keramischen Monolithen sind die derzeit am häufigsten eingesetzten Katalysatorträger.

Metallische Monolithen

Eine Alternative zum keramischen Monolithen ist der metallische Monolith. Er ist aus fein gewellter, ca. 0,03...0,05 mm dünner Metallfolie gewickelt und in einem Hochtemperaturprozess gelötet. Aufgrund der dünnen Wandungen lässt sich eine größere Anzahl von Kanälen pro Fläche unterbringen. Dies verringert den Strömungswiderstand für das Abgas und bringt dadurch Vorteile bei der Optimierung von Hochleistungsmotoren.

Bild 16
Dreiwegekatalysator mit λ-Sonde
a Katalysator als gesamtes Bauelement
b Träger mit Washcoat- und Edelmetallbeschichtung
1 λ-Sonde
2 Quellmatte
3 wärmegedämmte Doppelschale
4 Washcoat (Al_2O_3-Trägerschicht) mit Edelmetallbeschichtung
5 Träger (Monolith)
6 Gehäuse
7 Abgasstrom mit Schadstoffen

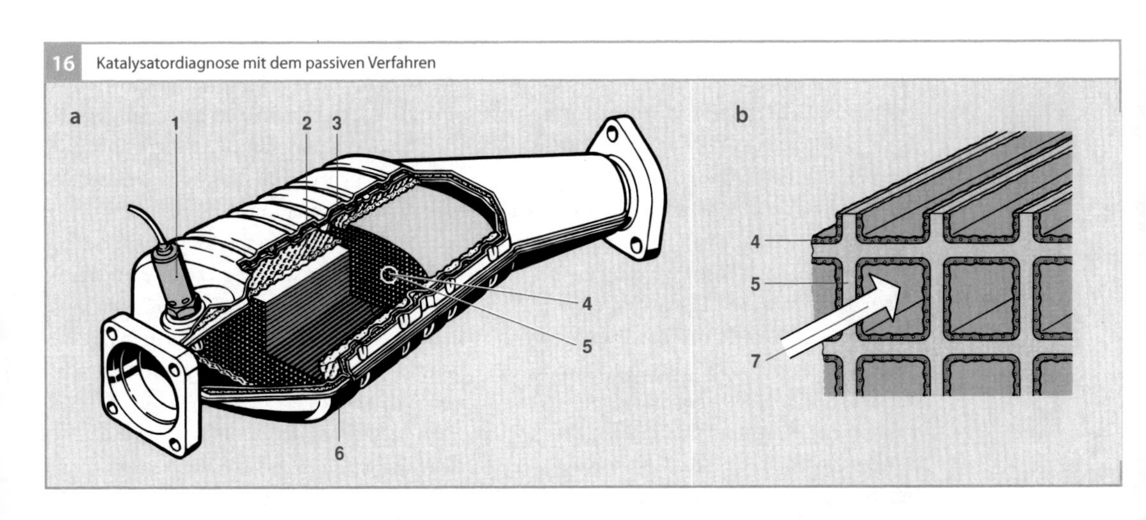

Beschichtung

Die einzelnen Komponenten der katalytischen Beschichtung können wie folgt aufgeteilt werden:

- Trägeroxide,
- weitere oxidische Komponenten,
- Edelmetalle und andere katalytisch aktive Materialien.

Der Washcoat ist eine Beschichtung mit großer Rauheit auf dem Trägermaterial zur Vergrößerung der Oberfläche. Er besteht aus porösem Aluminiumoxid (Al_2O_3) und anderen Metalloxiden.

In der Praxis haben sich – mit Ausnahme bei der Reduktion von Stickoxiden durch Ammoniak – die Edelmetalle als wirksame Katalysatoren herausgestellt. Dabei zeichnen sich insbesondere Platin und Palladium durch eine hohe Oxidationskraft und Rhodium als wirksamer Katalysator für die Umsetzung von NO mit Kohlenmonoxid aus. Iridium hat eine begrenzte Anwendung als Katalysator für die Reaktion der Stickoxide mit Kohlenwasserstoffen bei mager betriebenen Motoren gefunden. Die in einem Katalysator enthaltene Edelmetallmenge beträgt ca. 1...5 g. Dieser Wert hängt u. a. vom Hubraum des Motors, von den Rohemissionen, von der Abgastemperatur und von der zu erfüllenden Abgasnorm ab.

Aktuelle Katalysatorkonzepte sind sogenannte „Edelmetall-im-Washcoat-Katalysatoren". Darunter versteht man die Fixierung der Edelmetallkomponenten auf definierten Trägeroxiden durch einen vorgeschalteten Verfahrensschritt. Diese Fixierung kann durch die chemischen Eigenschaften gegeben sein oder über thermische Prozesse herbeigeführt werden. Erst danach werden die einzelnen edelmetallhaltigen Komponenten zusammengeführt und durch einen Beschichtungsprozess auf das Substrat aufgebracht. Durch dieses Verfahren erreicht man, dass die Edelmetallkomponente auf einem definierten Washcoatbestandteil fixiert ist, so dass Synergien zwischen beiden Komponenten genutzt werden. Ein Beispiel für eine solche Vorgehensweise ist die Fällung von Platin auf einer Cer-Komponente, bevor in dem folgenden Schritt Aluminiumoxid als weiteres Trägeroxid beigefügt wird.

Die Beschichtung des Trägers wird so eingestellt, dass eine definierte Beladung mit dem Washcoat (und damit auch mit dem Edelmetall) erreicht wird. Für die Beschichtbarkeit von wesentlicher Bedeutung sind die Fließeigenschaft des Washcoats und die Partikelgröße der Washcoatkomponenten, die an die Trägereigenschaften angepasst sein muss.

Betriebsbedingungen

Betriebstemperatur

Damit die Oxidations- und Reduktionsreaktionen zur Umwandlung der Schadstoffe ablaufen können, muss den Reaktionspartnern eine bestimmte Aktivierungsenergie zugeführt werden. Diese Energie wird in Form von Wärme durch den aufgeheizten Katalysators bereitgestellt.

Der Katalysator setzt die Aktivierungsenergie herab (Bild 17), sodass die Light-off-Temperatur (d. h. die Temperatur, bei der 50 % der Schadstoffe umgesetzt werden) absinkt. Die Aktivierungsenergie – und damit die Light-off-Temperatur – ist stark abhängig von den jeweiligen Reaktionspartnern. Eine nennenswerte Konvertierung der Schadstoffe setzt beim Dreiwegekatalysator erst bei einer Betriebstemperatur von über 300 °C ein. Ideale Betriebsbedingungen für hohe Konvertierungsraten und lange Lebensdauer herrschen im Temperaturbereich von 400...800 °C.

Im Bereich von 800...1 000 °C wird die thermische Alterung des Katalysators durch Sinterung der Edelmetalle und der Al_2O_3-

Trägerschicht wesentlich verstärkt. Dies führt zu einer Reduzierung der aktiven Oberfläche. Dabei hat auch die Betriebszeit in diesem Temperaturbereich einen großen Einfluss. Bei Temperaturen über 1 000 °C nimmt die thermische Alterung des Katalysators sehr stark zu und führt zur deutlich reduzierten Konvertierungsleistung.

Durch Fehlfunktion des Motors (z. B. Zündaussetzer) kann die Temperatur im Katalysator auf bis zu 1 400 °C ansteigen, wenn sich unverbrannter Kraftstoff im Abgastrakt entzündet. Solche Temperaturen führen zur völligen Zerstörung des Katalysators durch Schmelzen des Trägermaterials. Um dies zu verhindern, muss insbesondere das Zündsystem sehr zuverlässig arbeiten. Moderne Motorsteuerungen können Zünd- und Verbrennungsaussetzer erkennen. Sie unterbinden gegebenenfalls die Einspritzung für den betreffenden Zylinder, sodass kein unverbranntes Luft-Kraftstoff-Gemisch in den Abgastrakt gelangt.

Thermische Deaktivierung des Katalysators

Die thermische Deaktivierung des Katalysators kann durch mehrere Mechanismen hervorgerufen werden. Dabei kann man die Sinterung des Edelmetalls von der Versinterung der Trägeroxide oder Reaktionen von Washcoatkomponenten untereinander oder mit dem Träger unterscheiden.

Die Edelmetallkomponente ist beim frischen Katalysator extrem fein verteilt. Kristallitgrößen von wenigen Nanometern sind bei hoch aktiven Katalysatoren die Regel. Bei hohen Temperaturen sind die Kristallite mobil und wachsen zu größeren Partikeln zusammen. Dadurch sinkt die Dispersion des Edelmetalls deutlich, die katalytische Aktivität nimmt ab. Eine Stabilisierung durch Oxide seltener Erden verringert die Mobilität, indem die Bindung des Edelmetalls an das Trägeroxid verbessert wird.

17 Aktivierungsenergie

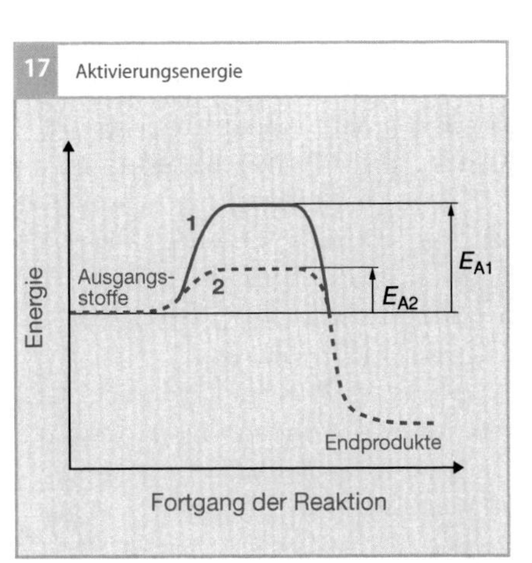

Bild 17
1 Reaktionsverlauf ohne Katalysator
2 mit Katalysator
E_{A1} Aktivierungsenergie ohne Katalysator
E_{A2} Aktivierungsenergie mit Katalysator

Die Kristallstruktur des Aluminiumoxids verändert sich durch hohe Temperaturen. Dabei wird insbesondere die eingesetzte γ-Phase letztlich zu α-Al_2O_3 umgewandelt, was mit einer Reduktion der Oberfläche um den Faktor von circa 100 einher geht. Während des Sinterprozesses werden die Porendurchmesser durch eine Abspaltung von Kristallwasser sukzessive kleiner bis die Porenstruktur zusammenfällt und dadurch aktive Oberflächenplätze nicht mehr zugänglich sind. Man kann also sowohl einen Verlust an aktiven Zentren durch einen Einschluss der Edelmetalle als auch eine Verringerung der Reaktionsrate durch die kleiner werdenden Porenradien mit Auswirkungen auf die Porendiffusion beobachten.

Vergiftung des Katalysators

Motorisches Abgas enthält einige Komponenten, die die katalytische Aktivität verringern können. Ein Beispiel in der Vergangenheit war Blei, das als metallorganische Verbindung dem Kraftstoff zugesetzt war. Durch die Bildung einer inaktiven Blei-Platin-Legierung wurde der Katalysator in sehr kurzer Zeit irreversibel geschädigt.

In der heutigen Zeit sind Schwefeloxide oder Bestandteile des Motoröls von Bedeutung. Schwefel als Vergiftungskomponente wird an katalytisch aktiven Zentren adsorbiert und verringert dadurch reversibel die Aktivität des Katalysators. Bei hohen Temperaturen findet man unter mageren Abgasbedingungen auch noch die Bildung von Aluminiumsulfat als Produkt der Reaktion zwischen Schwefeltrioxid (SO_3) und dem Trägeroxid Aluminiumoxid.

Weiterhin ist die Vergiftung durch Motorölaschen ein wichtiger Aspekt. Phosphor als ein typisches Vergiftungselement verringert die katalytische Aktivität deutlich. Dabei zeigt sich sowohl für feldgealterte als auch für am Motorpüfstand gealterte Katalysatoren ein deutlicher Gradient in der Phosphorverteilung über die Katalysatorlänge.

Entwicklungstendenzen des Katalysators

Die Abgasreinigung für Motorkonzepte mit $\lambda = 1$ ist durch folgende Entwicklungsrichtungen gekennzeichnet:

- Übergang von der Unterbodenanordnung des Katalysators in eine motornahe Position,
- Entwicklung von hochtemperaturstabilen Beschichtungen,
- Darstellung einer Sauerstoffspeicherkomponente mit schneller Kinetik,
- Sicherstellung der On-Board-Diagnose-Funktion.

Durch die motornahe Anordnung des Katalysators verringert man die Kaltstartemissionen, die – über den Fahrzyklus betrachtet – über 70 % der Gesamtemissionen ausmachen. Der Einsatz von Katalysatoren in motornaher Anordnung stellt besondere Anforderungen an die Temperaturstabilität der Systeme. Ein wichtiger Washcoatbestandteil ist dabei die Sauerstoffspeicherkomponente. Während der Schubabschaltung (Fuel Cut) wird durch das große Luftangebot die Cer-Komponente oxidiert. Das Abgas der anschließenden Beschleunigungsphase enthält größere Mengen unverbrannter Kohlenwasserstoffe, die bei hohen Temperaturen mit dem Sauerstoff aus dem Ceroxid zu Kohlendioxid, Kohlenmonoxid unter Wärmebildung reagieren. Die freigesetzte Wärmemenge ist direkt an die Sauerstoffspeichermenge gekoppelt.

Die Absenkung der Menge an Sauerstoffspeicherkomponenten im Vorkatalysator ergibt eine niedrigere Temperaturbelastung während einer Hochtemperaturalterung, die bei sequentiell ablaufenden Schubabschaltungs- und Beschleunigungsvorgängen auftritt. Dies führt zu einem geringeren Alterungseffekt, so dass die Fahrzeugemissionen im Zyklus günstig beeinflusst werden. Für Vorkatalysatoren sind temperaturstabile Beschichtungen von großer Bedeutung. Durch die Absenkung der Menge an Sauerstoffspeicherkomponenten kann die Temperaturstabilität erhöht werden. Dies hat jedoch auch einen Einfluss auf die Güte der OBD-Überwachung, die in der Regel die Veränderung der Sauerstoffspeicherkomponenten während der Laufzeit auswertet. Ein entsprechender Kompromiss muss hier gefunden werden.

NO_x-Speicherkatalysator

Aufgabe

In den Magerbetriebsarten kann der Dreiwegekatalysator die bei der Verbrennung entstehenden Stickoxide (NO_x) nicht umwandeln. Kohlenmonoxid (CO) und Kohlenwasserstoffe (HC) werden durch den hohen Restsauerstoffgehalt im Abgas oxidiert und stehen damit als Reduktionsmittel für die Stickoxide nicht mehr zur Verfügung. Der NO_x-Speicherkatalysator (NO_x Storage Catalyst, NSC) reduziert die Stickoxide auf eine andere Weise.

Die wesentlichen Komponenten der Abgasnachbehandlung sind der motornah angeordnete Startkatalysator sowie der in Unterbodenposition angeordnete NO_x-Speicherkatalysator (Bild 18). Der motornahe Startkatalysator sorgt im Homogenbetrieb für die Abgasreinigung und im Schichtbetrieb für die Oxidationsreaktionen. Im Unterbodenbereich befinden sich die NO_x-Speicherkatalysatoren, da hier das Arbeitstemperaturfenster am besten erreicht wird. Hinter den NO_x-Speicherkatalysatoren befinden sich NO_x-Sensoren zur Überwachung der Funktion, davor aus gleichem Grunde Temperatursensoren.

Aufbau und Beschichtung

Die Einlagerung von Stickoxiden beruht auf einer Säure-Base-Reaktion. Als NO_x-Speichermaterial sind grundsätzlich alle Materialien tauglich, die aufgrund ihrer basischen Eigenschaften im Stande sind, in dem durch die Magerbetriebspunkte eines Benzinmotors mit Direkteinspritzung vorgegebenen Temperaturbereich hinreichend stabile Nitrate zu bilden. Diesbezüglich kommen besonders die Oxide der Alkali- (Na, K, Rb, Cs), Erdalkali- (Mg, Ca, Sr, Ba) und in begrenztem Umfang die Seltenerdelemente (z. B. La) in Betracht. Für ottomotorische Anwendungen kommen meist nur Bariumverbindungen zum Einsatz.

Arbeitsweise

Die prinzipielle Arbeitsweise eines NO_x-Speicherkatalysators basiert auf zwei aufeinander folgenden Schritten. Die Stickoxide werden im Katalysator unter mageren Abgasbedingungen zunächst eingelagert und anschließend über bestimmte Regenerationsstrategien durch kurzzeitiges Durchströmen mit reduzierendem (fettem) Abgas zu Stickstoff reduziert. Aus NO_2, das zunächst durch Oxidation des im Abgas fast ausschließlich vorhandenen NO entsteht, bilden sich mit den im Katalysator vorhandenen Alkali- oder Erdalkalikomponenten Nitrate. Dieser Prozess wird durch die katalytische Wirkung der Edelmetalle in der Beschichtung des Katalysators unterstützt.

18 Systemkomponenten in der Abgasanlage für einen V6-Motor mit Direkteinspritzung (Mercedes-Benz)

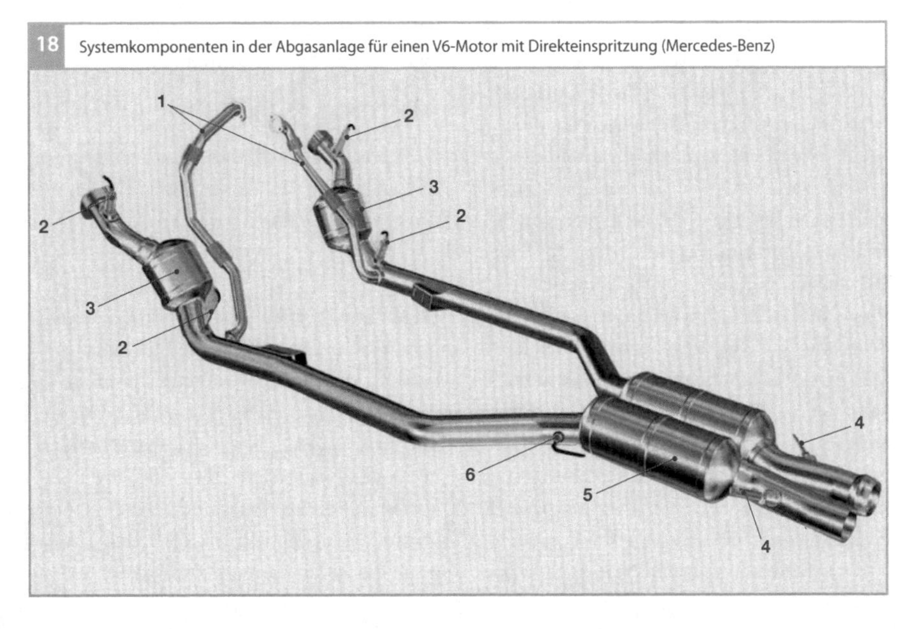

Bild 18
1 Abgasrückführung
2 λ-Sonde
3 motornaher Dreiwegekatalysator
4 NO_x-Sensor
5 NO_x-Speicherkatalysator
6 Temperatursensor

NO_x-Einspeicherung

Bei magerem Motorbetrieb (Luftüberschuss, $\lambda > 1$) werden die Stickoxide (NO_x) katalytisch an der Oberfläche der Platinbeschichtung zu Stickstoffdioxid (NO_2) oxidiert. Anschließend reagiert das NO_2 mit den speziellen Oxiden der Katalysatoroberfläche und Sauerstoff (O_2) zu Nitraten. So geht z. B. NO_2 mit dem Bariumoxid BaO die chemische Verbindung Bariumnitrat $Ba(NO_3)_2$ ein:

$$2\,BaO + 4\,NO_2 + O_2 \rightarrow 2\,Ba(NO_3)_2$$

Die temperaturabhängige Speicherfähigkeit von NO_x-Speicherkatalysatoren kann primär in zwei ineinander übergehende Aktivitätsbereiche unterteilt werden. Im Niedertemperaturbereich (unter 300 °C) ist die Effizienz des Katalysators mit der Oxidationsgeschwindigkeit von NO zu NO_2 gekoppelt, die wiederum mit der Anzahl der zur Verfügung stehenden aktiven Zentren steigt.

Im Hochtemperaturbereich (über 300 °C) ist die NO_2-Bildung zunehmend thermodynamisch bestimmt. Daher wird dieser Bereich der NO_x-Speicherung maßgeblich von der Speichereffizienz des Speichermaterials bestimmt. Diese wiederum steigt mit der spezifischen Oberfläche des Adsorbens und der Anzahl der freien Speicherplätze.

Mit zunehmender Dauer des Luftüberschusses wird der NO_x-Speicher mit NO_x beladen, und es tritt in Abhängigkeit vom Beladungsgrad eine Verminderung der Speichereffizienz auf. Bei Erreichen einer kritischen NO_x-Beladung wird durch die Motorsteuerung eine NO_x-Regeneration eingeleitet.

Es gibt zwei Möglichkeiten zu erkennen, wann der Katalysator gesättigt und die Einspeicherphase beendet ist: Entweder es berechnet ein modellgestütztes Verfahren unter Berücksichtigung der Katalysatortemperatur die Menge des eingespeicherten NO_x oder ein NO_x-Sensor hinter dem NO_x-Speicherkatalysator misst die NO_x-Konzentration im Abgas.

Regeneration und Konvertierung

In der sich nun anschließenden Regenerationsphase wird der Verbrennung im Verhältnis zum Sauerstoff mehr Reduktionsmittel zugeführt. Die bei der Verbrennung nicht oder nur zum Teil oxidierten Komponenten (HC, CO oder H_2) stehen nun zur NO_x-Reduktion zur Verfügung. Simultan müssen oxidierte Platingruppenmetalle reduziert und der dynamische Anteil des Sauerstoffspeichers ausgeräumt werden. Gegen Ende der Regenerationsphase puffert der verbliebene gespeicherte Sauerstoff das Überangebot an Reduktionsmittel, so dass Durchbrüche von HC und CO minimiert werden.

Die Reaktionsgeschwindigkeit der Reduktion ist mit HC am kleinsten, mit H_2 am größten. Die Regeneration – im Folgenden mit CO als Reduktionsmittel dargestellt – geschieht in der Weise, dass das Kohlenmonoxid das Nitrat – z. B. Bariumnitrat $Ba(NO_3)_2$ – zu einem Oxid – z. B. Bariumoxid BaO – reduziert. Dabei entstehen Kohlendioxid und Stickstoffmonoxid:

$$Ba(NO_3)_2 + 3\,CO \rightarrow 3\,CO_2 + BaO + 2\,NO$$

Die Rhodium-Beschichtung reduziert anschließend die Stickoxide mittels Kohlenmonoxid zu Stickstoff und Kohlendioxid:

$$2\,NO + 2\,CO \rightarrow N_2 + 2\,CO_2$$

Es gibt zwei Verfahren, das Ende der Regenerationsphase zu erkennen: Entweder es berechnet ein modellgestütztes Verfahren die Menge des noch im NO_x-Speicherkatalysator vorhandenen NO_x oder eine λ-Sonde hinter dem Katalysator misst die Sauerstoffkonzentration im Abgas und zeigt einen Spannungssprung von „mager“ nach „fett“, wenn die Regeneration beendet ist.

Betriebstemperatur und Einbauort

Die Speicherfähigkeit des NO_x-Speicherkatalysators ist stark temperaturabhängig. Sie erreicht ein Maximum im Bereich von 300...400 °C. Damit liegt der günstige Temperaturbereich sehr viel niedriger als beim Dreiwegekatalysator. Aus diesem Grund und wegen der geringeren maximal zulässigen Betriebstemperatur des NO_x-Speicherkatalysators müssen zwei getrennte Katalysatoren für die katalytische Abgasreinigung eingesetzt werden: Ein motornah eingebauter Dreiwegekatalysator als Vorkatalysator (Bild 18) und ein motorferner NO_x-Speicherkatalysator als Hauptkatalysator (Unterflurkatalysator).

Thermische Deaktivierung des NO_x-Speicherkatalysators

Für die Aufrechterhaltung der NO_x-Speicherfunktionalität eines NO_x-Speicherkatalysators sind zwei Kernkomponenten unabdingbar: eine edelmetallhaltige Oxidationskomponente und eine basische Speicherkomponente.

Die wichtigsten thermischen Alterungsprozesse im NO_x-Speicherkatalysator lassen sich durch die Kombination von physikochemischen Analysemethoden und katalytischen Charakterisierungsmethoden identifizieren.

So führt eine thermische Alterung zu einer Edelmetallagglomeration. Dadurch verringert sich die Anzahl der katalytisch aktiven Zentren für die Oxidation von NO zu NO_2, die die Voraussetzung für die NO_x-Speicherung ist.

Die thermische Alterung des NO_x-Speichermaterials hat bei Überschreiten der für die entsprechende Festkörperreaktion kritischen Temperatur zufolge, dass sich Mischphasen zwischen den NO_x-Speichermaterialien und den entsprechenden Trägeroxiden bilden. Die daraus resultierenden Verbindungen weisen in der Regel eine geringere Fähigkeit zur NO_x-Speicherung auf.

Beide Alterungsphänomene sind neben einer Funktion der Zeit und der Temperatur auch eine Funktion der Gasatmosphäre, in der die thermische Belastung auftritt. Vor allem sauerstoffreiches Abgas führt bei hohen Temperaturen zu starken Alterungseffekten. Durch geeignete Maßnahmen in der Motorapplikation kann eine Deaktivierung des Katalysators weitgehende vermieden werden, so z. B. durch Verbot der Schubabschaltung bei hohen Temperaturen oder durch Einführung einer Katalysatorschutztemperatur.

Schwefel-Vergiftung

Eine wesentliche Beeinträchtigung der Funktionsweise von NO_x-Speicherkatalysatoren liegt in der inhärenten Affinität, neben NO_x auch SO_x zu speichern. Die damit verbundene Belegung der freien NO_x-Speicherplätze führt zu einer kontinuierlichen, vom Schwefelgehalt im Kraftstoff abhängigen Abnahme in der NO_x-Speicherkapazität. Für die Schwefelvergiftung ist in erster Linie der Schwefel im Kraftstoff verantwortlich. Die Vergiftung mit Schwefel erfolgt über die Bildung von Sulfaten durch die Reaktion von SO_2 mit dem Speichermaterial. Diese Sulfate blockieren dabei die Speicherzentren für die Nitratbildung und der NO_x-Umsatz sinkt mit steigender Schwefelbeladung.

Da die Bildung der Sulfate überwiegend reversibel ist, können diese durch fettes Abgas wieder zersetzt werden. Allerdings sind die Sulfate thermodynamisch stabiler als die Nitrate und werden deswegen nicht bei der typischen NO_x-Regeneration reduziert. Für die Entschwefelung sind höhere Temperaturen und längere Zeiten erforderlich. Die notwendigen Temperaturen für eine ausreichende Entschwefelung liegen bei 600 ... 750 °C. Höhere Temperaturen begünstigen die

Schwefelfreisetzung. Jede Entschwefelung stellt eine signifikante thermische Belastung für den Katalysator dar. Daher muss die Temperatur genau eingestellt und kontrolliert werden.

Durch die Verwendung von quasi schwefelfreiem Kraftstoff wird die Vergiftung durch Schwefel zwar verringert, aber regelmäßige Entschwefelungen sind trotzdem notwendig. Auf dem Katalysator wird über die Lebensdauer auch bei Verwendung von Kraftstoff mit einem Schwefelanteil kleiner als 15 ppm eine erhebliche Schwefelmenge akkumuliert. Allerdings verlängern sich bei Verwendung von schwefelfreiem Kraftstoff die Entschwefelungsintervalle, woraus sich eine geringere thermische Beanspruchung des Katalysators ergibt.

Entwicklung motornaher Startkatalysatoren

Der motornah angeordnete Startkatalysator leistet beim Kaltstart und im Homogenbetrieb einen wichtigen Beitrag zur Abgasreinigung und fördert im Schichtbetrieb die Oxidationsreaktionen. Ein wesentlicher Entwicklungsschwerpunkt für den motornah angeordneten Startkatalysator ist wie bei mit $\lambda = 1$ betriebenen Fahrzeugen die Optimierung des Kaltstartverhaltens. Die Verwendung des strahlgeführten Brennverfahrens führt bekanntermaßen zu einem deutlichen Absinken der Abgastemperaturen im Schichtbetrieb. Neben dem frühen Anspringen des Startkatalysators ist daher auch ein hohes Aktivitätsniveau, insbesondere für die Konvertierung von HC bei niedrigen Temperaturen im ECE-Zyklusbereich des neuen europäischen Fahrzyklus (NEFZ) gefordert.

Generelle Anforderungskriterien für Startkatalysatoren sind:

- verbessertes Kaltstartverhalten des Katalysators,
- Tieftemperatur-HC-Aktivität,
- HC-Aktivität im Schichtbetrieb,
- niedriger Regenerationsmittelverbrauch während der NO_x-Regeneration,
- OBD-Funktionalität,
- Hochtemperaturstabilität,
- dynamisches Verhalten bei Lastwechseln im oberen Last- und Drehzahlbereich.

Bei der Entwicklung von Startkatalysatoren kommt dem Sauerstoffspeicherverhalten eine besondere Bedeutung zu. Die Absenkung der Sauerstoffspeicherfähigkeit zeigt unter mageren Abgasbedingungen deutliche Vorteile im Anspringverhalten, während im Bereich um $\lambda = 1$ eine erhöhte Sauerstoffspeicherfähigkeit in der Tendenz Vorteile zeigt.

Abhängig von der Applikation mit den entsprechenden Homogen- und Schichtanteilen ist es notwendig, das Sauerstoffspeicherverhalten der Startkatalysatortechnologie anzupassen. Für einen niedrigen Reduktionsmittelverbrauch während der NO_x-Regeneration ist eine niedrige Sauerstoffspeicherkapazität im Startkatalysator wünschenswert.

Entwicklung von NO_x-Speicherkatalysatoren

Für die Entwicklung von NO_x-Speicherkatalysatoren ist eine Reihe von Kriterien entscheidend:

- temperaturabhängige NO_x-Speicherfähigkeit (NO_x-Fenster),
- NO_x-Regenerationskinetik,
- thermische Stabilität,
- HC-Konvertierung im Magerbetrieb,
- Sauerstoffspeicherfähigkeit (Oxygen Storage Capacity, OSC),
- Dreiwegeaktivität,
- Entschwefelungscharakteristik.

Die genannten Kriterien lassen sich prinzipiell in Eigenschaften unterteilen, die entweder für den Magerbetrieb oder für den Regenerationsbetrieb und den Betrieb bei $\lambda = 1$ bestimmend sind.

Die Anzahl der katalytisch aktiven Zentren sind für die Oxidationsgeschwindigkeit von NO zu NO_2, aber auch in besonderem Maße für das Anspringverhalten der HC-Oxidation bei den niedrigen Temperaturen im neuen europäischen Fahrzyklus entscheidend. Die Anzahl der katalytisch aktiven Zentren wird hauptsächlich von zwei Faktoren bestimmt: der Edelmetallmenge und der nach Alterung resultierenden Edelmetalldispersion. Da eine Erhöhung der Edelmetallmenge aus Kostengründen nicht erwünscht ist, kommt der Stabilisierung der Edelmetalldispersion eine besondere Bedeutung zu.

Mit Verbreiterung des temperaturabhängigen NO_x-Speicherfensters muss auch eine über den gesamten Temperaturbereich ausreichend schnelle Regenerationskinetik gewährleistet sein. Die periodische Regeneration der gespeicherten Stickoxide erfolgt durch kurzzeitiges Umschalten auf fette Betriebsweise. Durch den Wechsel zu reduzierenden Bedingungen wird der Sauerstoffpartialdruck verringert und die Konzentrationen von HC, CO, H_2 und CO_2 erhöht, womit zwei parallel ablaufende Prozesse auf dem Katalysator gestartet werden, nämlich die Zersetzung der in der Magerphase gespeicherten Nitrate und Oxide und die Reduktion des freigesetzten NO_x. Die genaue Abstimmung von Sauerstoff- und NO_x-Speicherkomponenten bewirkt eine Verringerung der Regenerationszeit.

Alternative Abgasnachbehandlungssysteme

Für die zukünftigen weltweit verschärften Abgasgrenzwerte werden eine Vielzahl von alternativen Systemen zur Abgasreinigung diskutiert.

Elektrisch beheizter Katalysator

Beim Start des Motors wird ein verhältnismäßig kleines Katalysatorvolumen mit elektrischer Energie aufgeheizt. Es wird damit ein sehr schneller Temperaturanstieg in diesem kleinen Volumen erzielt. Dies reicht aus, um die Anspringtemperatur dieses Teilvolumens zu überschreiten, so dass bereits sehr früh eine erste Umsetzung erreicht wird. Die ersten Reaktionen erzeugen nun weitere Wärme, um das nachfolgende System, bestehend aus einem Vorkatalysator und einem Hauptkatalysator, aufzuheizen und damit zu aktivieren. Die Aufheizung des gesamten Konverters, bestehend aus Vor- und Hauptkatalysator, erfolgt mit Hilfe dieser elektrischen „Initialzündung" sehr viel schneller als bei einem passiven System.

Beim elektrisch beheizten Katalysator durchströmt das Abgas zunächst eine ca. 20 mm dicke katalytische Trägerscheibe, die mit einer elektrischen Leistung von etwa 2 kW aufgeheizt werden kann. Unterstützend kann ein Sekundärluftsystem eingesetzt werden. Durch die zusätzliche Wärmefreisetzung (Exothermie) bei der Konvertierung des Abgas-Sekundärluft-Gemischs in der beheizten Scheibe des Katalysators wird die Aufheizung weiter beschleunigt.

Im Vergleich zu den Wärmeströmen von bis zu 20 kW, die durch motorische Maßnahmen gegebenenfalls in Verbindung mit einer Sekundärlufteinblasung erzielt werden können, erscheinen 2 kW elektrische Leistung relativ gering. Für den Betrieb des Katalysators ist jedoch die Temperatur des Katalysatorträgers entscheidend, nicht die Temperatur des Abgases. Die direkte elektrische Beheizung des Trägers ist hoch effektiv und führt zu sehr guten Emissionswerten.

Bei einem konventionellen Pkw mit 12 V Versorgungsspannung stellen die auftretenden hohen Ströme zur Beheizung des Katalysators eine deutliche Belastung des Bordnetzes dar. Ein verstärkter Generator und ggf. eine zweite Batterie sind daher erforderlich, sofern eine einzelne den durch den elektrisch beheizten Katalysator stark erhöhten Energiebedarf der Kaltstartphase nicht abdecken kann. Günstiger sieht es beim Einsatz in elektrischen Hybridfahrzeugen aus, die ohnehin über ein leistungsfähigeres Bordnetz mit Spannungen von mehreren Hundert Volt verfügen. Allerdings weisen die dort eingesetzten Spannungswandler nur eine Leistung im Bereich von 2 kW auf, sodass hier ebenfalls Anpassungen erforderlich wären, um die elektrische Leistung bis zum Erreichen der Anspringtemperatur zu Verfügung zu stellen. Der elektrisch beheizte Katalysator fand bisher lediglich in einzelnen Kleinserienprojekten Anwendung.

HC-Adsorber

Die im Kaltstart erzeugten Kohlenwasserstoffe können aufgrund der zu geringen Katalysatortemperatur zunächst nicht katalytisch umgesetzt werden. HC-Adsorber dienen dazu, HC-Moleküle im kalten Zustand zunächst zwischenzuspeichern und anschließend, wenn das Abgasreinigungssystem aufgeheizt ist, in den nachfolgenden Katalysator zur Umsetzung wieder abzugeben. HC-Adsorber basieren auf zeolithischen Materialien. Die Zeolithmischung muss dahingehend optimiert werden, dass die Speicherung und die nachfolgende Desorption auf die im Abgas auftretenden HC-Moleküle abgestimmt sind.

Das ideale Adsorbermaterial speichert im kalten Zustand HC und gibt sie wieder ab, wenn der nachfolgende Katalysator möglichst schon vollständig aufgeheizt ist. Die Desorptionstemperatur des Adsorbers sollte damit zwischen 300 und 350 °C liegen. Dabei wird berücksichtigt, dass der nachfolgende Katalysator bei 250 bis 300 °C anspringt, jedoch zeitlich verzögert gegenüber dem Adsorber aufgeheizt wird. Unter diesen Umständen wäre eine einfache „Reihenschaltung“ von Adsorber und Katalysator realisierbar. Die Desorption von HC beginnt allerdings schon bei ca. 200 °C. Das entspricht einer Temperatur des nachfolgenden Katalysators, bei der dieser noch nicht aktiv ist. Die bis dahin gespeicherten Kohlenwasserstoffe würden das Abgasreinigungssystem nach der Desorption unverändert verlassen und in der Summenemission wäre kein Vorteil durch den Adsorber festzustellen.

Um diese Lücke zu schließen, sind die folgenden Systeme in der Entwicklung: Das externe Bypass-System arbeitet mit dem Adsorber im Bypass, der durch eine Abgasklappe im Hauptstrom gesteuert werden kann. Im Kaltstart ist diese Klappe zunächst geschlossen. Das Abgas strömt zuerst durch einen noch inaktiven (kalten) Vorkatalysator in den Adsorber. HC wird gespeichert, die Restwärme wird mit dem Abgas in den nachfolgenden Hauptkatalysator geleitet. Ist im weiteren Verlauf der Adsorber nun mit HC gesättigt und ist die Desorptionstemperatur erreicht, wird die Klappe geöffnet und damit der Adsorber stillgelegt. Der Vorkatalysator, der durch seine Lage einen Temperaturvorsprung gegenüber dem Adsorber hat, ist zu diesem Zeitpunkt gerade aktiv geworden und sorgt für die weitere HC-Konvertierung. Wenn schließlich das Abgasreinigungssystem seine Betriebstemperatur erreicht hat und auch der Hauptkatalysator vollständig aktiviert ist, kann der gesättigte

Adsorber die Kohlenwasserstoffe zur Umsetzung in den Hauptkatalysator abgeben. Dies kann entweder durch ein gezieltes Schließen der Abgasklappe erreicht werden oder - je nach geometrischer Auslegung der Verzweigungsstellen von Bypass- und Hauptleitung - über einen längeren Zeitbereich auch bei geöffneter Klappe von selbst erfolgen. Der hohe technische und finanzielle Aufwand für Bypassleitung, Abgasklappe und Steuerung einschließlich der notwendigen Diagnose macht die Suche nach alternativen Systemen notwendig.

Das In-Line-System besteht aus einer Reihenschaltung von optionalem Vorkatalysator, HC-Adsorber mit katalytisch aktiver Beschichtung und einem Hauptkatalysator. Das Ziel ist es, die Lücke zwischen Desorption und Anspringen dadurch zu verringern, dass die Desorption der Kohlenwasserstoffe und deren katalytische Umsetzung gewissermaßen zeitgleich und am selben Ort stattfinden sollen. Deshalb werden zu dem Adsorbermaterial zusätzlich katalytisch aktive Komponenten eingebracht. Der Zeitverzug beim Aufheizen des Katalysators entfällt dadurch. Die Anforderung an eine äußerst niedrige Anspringtemperatur der katalytischen Schicht auf dem Adsorber besteht jedoch weiterhin. Da die Lücke zwischen Desorption und Anspringen dennoch nicht vollständig geschlossen werden kann, ist ein maximaler Wirkungsgrad von 50 % bezogen auf die Kaltstart-HC-Emission zu erwarten. Das Hauptproblem, das einer Serieneinführung noch im Wege steht, ist die ungenügende Dauerstandfestigkeit der Adsorber-Katalysator-Kombination.

Kombination von HC-Adsorber und elektrisch beheiztem Katalysator

Eine effektive Lösung für das Schließen der Lücke zwischen Desorption des Adsorbers und Anspringen des Katalysators ist die Kombination aus einem HC-Adsorber und einem elektrisch beheizten Katalysator. Während der Adsorber die Kaltstart-HC-Emissionen adsorbiert, kann ein stromabwärts gelegener elektrisch heizbarer Katalysator zunächst den Hauptkatalysator aktivieren. Die erforderliche elektrische Leistung des Heizelementes ist geringer als ohne HC-Adsorber, da hier die notwendige Aufheizgeschwindigkeit geringer ist. Wenn schließlich die Desorptionstemperatur des Adsorbers überschritten wird, steht ein ausreichend aktives Katalysatorvolumen für die Konversion der desorbierten HC zur Verfügung. Dieses System stellt ein Maximum an Aufwand dar, welches deshalb aktuell nur für Anwendungen mit geringer Stückzahl in Frage kommt.

Literatur

[1] Konrad Reif: *Automobilelektronik – Eine Einführung für Ingenieure.* 4., überarbeitete und erweiterte Auflage, Vieweg + Teubner, Wiesbaden 2011, ISBN 978-3-8348-1498-2

[2] Konrad Reif (Hrsg.): *Dieselmotor-Management: Systeme, Komponenten, Steuerung und Regelung.* 5., überarbeitete und erweiterte Auflage, Springer Vieweg, Wiesbaden 2012, ISBN 978-3-8348-1715-0

Emissionsgesetzgebung

Vorreiter im Bestreben, die von Kraftfahrzeugen mit Verbrennungsmotor verursachten Schadstoffemissionen gesetzlich zu begrenzen, war der US-Bundesstaat Kalifornien. Der hohe Motorisierungsgrad in Kombination mit den Besonderheiten des Los-Angeles-Beckens führte hier schon in der Mitte des zwanzigsten Jahrhunderts zu starker Luftverschmutzung. Aufgrund der Kessellage bildet sich oft eine Inversionsschicht, unter der die Emissionen von Kohlenwasserstoffen und Stickoxiden unter starker Sonneneinstrahlung zu photochemischem Smog umgewandelt werden. Bei hohen Schadstoffkonzentrationen bildet sich eine braune Dunstglocke, deren Bestandteile (u. a. Ozon) gesundheitsgefährdend sind und zu negativen Auswirkungen auf Umwelt und Natur führen.

Einführung

Seit In-Kraft-Treten der ersten Abgasgesetzgebung für Ottomotoren von Personenkraftwagen (Pkw) und leichten Nutzfahrzeugen (leichte Nfz) Mitte der 1960er-Jahre in Kalifornien wurden dort die zulässigen Grenzwerte für die verschiedenen Schadstoffe immer weiter reduziert. In den 1970er-Jahren wurde die US-EPA gegründet, die auf Basis der kalifornischen Anforderungen die US-Abgasgesetzgebung (z. B. den FTP-Zyklus) entwickelte. Nach den USA haben die EU und Japan eigene Prüfverfahren zur Abgaszertifizierung von Kraftfahrzeugen (Kfz) entwickelt. Diese Prüfzyklen werden im Verlaufe dieses Kapitels genauer erlätert.

Mittlerweile haben alle Industriestaaten Vorschriften zur Begrenzung der Schadstoffemissionen (Emissionsgesetzgebung) eingeführt, die die Grenzwerte für Otto- und Dieselmotoren sowie die Prüfmethoden festlegen. Zusätzlich zu den Abgasemissionen werden in vielen Ländern auch die Verdunstungsemissionen aus dem Kraftstoffsystem von Ottomotorfahrzeugen begrenzt. Eigenständige Gesetzgebungen zur Emissionsbegrenzung von Fahrzeugen sind:

- CARB-Gesetzgebung (California Air Resources Board) in Kalifornien,
- EPA-Gesetzgebung (Environmental Protection Agency) in den USA,
- EU-Gesetzgebung (Europäische Union) und die korrespondierenden UN/ECE-Regelungen (United Nations Economic Commission for Europe),
- Japan-Gesetzgebung.

Weitere Länder übernehmen die jeweilige Gesetzgebung komplett (z. B. Kanada die US-EPA-Vorschriften, die Schweiz die EU-Vorschriften), oder zu einem späteren Zeitpunkt (z. B. Argentinien, Australien, russische Föderation) oder entwickeln eigene Vorschriften basierend auf der US-, EU- oder UN/ECE-Gesetzgebung (z. B. Brasilien, Indien, Südkorea).

Ein weiteres Element der Emissionsgesetzgebung sind Anforderungen zur Begrenzung der CO_2-Emissionen. Vorgaben zur Begrenzung des Kraftstoffverbrauchs (der mit den Auspuff-CO_2-Emissionen korreliert) gibt es in den USA und Japan seit der ersten Ölkrise 1975. Aufgrund der Klimaschutzziele wurden in der EU Zielwerte für die durchschnittlichen CO_2-Emissionen von Pkw und von leichten Nfz eingeführt. Die USA haben die Verbrauchsgesetzgebung „Corporate Average Fuel Economy“ (CAFE) durch Vorgaben zu Treibhausgasemissionen (CO_2, Methan, Lachgas) ergänzt. Gemeinsam ist allen Regelungen, dass keine Fahrzeugtyp-bezogenen Grenzwerte vorgeschrieben werden, sondern Zielwerte für den Durchschnittsverbrauch oder die Durchschnittsemission der Neuwagenflotte eines Herstellers. Weitere Staaten mit Verbrauchs- oder CO_2-Vorschriften sind

u. a. Australien, Brasilien, China, Kanada und Südkorea.

Klasseneinteilung

Die Emissionsvorschriften unterteilen die vierrädrigen Fahrzeuge in verschiedene Klassen:

- Pkw: Die Abgasemissionsprüfung erfolgt auf einem Fahrzeug-Rollenprüfstand.
- Leichte Nutzfahrzeuge (leichte Nfz): Je nach nationaler Gesetzgebung liegt die Obergrenze des zulässigen Gesamtgewichts bei 3,5...6,35 t. Die Prüfung erfolgt auf einem Fahrzeug-Rollenprüfstand (wie bei Pkw).
- Schwere Nutzfahrzeuge (schwere Nfz): Das zulässige Gesamtgewicht liegt über 3,5...6,35 t, je nach nationaler Gesetzgebung. Die Prüfung erfolgt auf einem Motorenprüfstand, eine Fahrzeugmessung ist nicht vorgesehen.
- Nicht-Straßen-Fahrzeuge („Off-Highway", z. B. Baufahrzeuge, Fahrzeuge für Land- und Forstwirtschaft): Prüfung auf dem Motorenprüfstand, wie bei schweren Nfz.

Weiterhin gibt es Emissionsvorschriften für zwei- und dreirädrige Fahrzeuge (z. B. Motorräder), für Lokomotiven, für Boote und Schiffe und für mobile Maschinen und Geräte (Non-Road Mobile Machinery). In diesem Buch werden nur die Vorschriften für Pkw und leichte Nutzfahrzeuge mit Ottomotor betrachtet.

Ziele der Schadstoffemissionsgesetzgebung

Mit der Festlegung von Emissionsgrenzwerten will der Gesetzgeber die Emission von Schadstoffen in die Umwelt begrenzen. Dazu werden keine Bauteilvorschriften erlassen, sondern Zielwerte für Prüfbedingen (Testzyklen und -prozeduren) vorgegeben, die möglichst realitätsnah die relevanten Fahrsituationen im Straßenverkehr abbilden sollen. Weiterhin schreibt die Gesetzgebung vor, dass die Systeme zur Emissionsminderung nicht nur unter den Prüfbedingungen, sondern in der Regel unter allen normalen Nutzungsbedingungen (Normal Conditions of Use) auf der Straße funktionieren müssen und nicht abgeschaltet werden dürfen (Verbot eines „Defeat Device"). Ausnahmen können z. B. aus Bauteilschutzgründen beantragt werden. Mit Dauerhaltbarkeitsanforderungen (bezüglich Laufleistung und z. T. Fahrzeugalter) soll erreicht werden, dass die Fahrzeuge so konstruiert und gebaut werden, dass die Emissionsgrenzwerte nicht nur im Neuzustand, sondern mindestens über die vorgegebene Lebensdauer eingehalten werden.

Prüfverfahren

Je nach Fahrzeugklasse und Zweck der Prüfung werden drei vom Gesetzgeber festgelegte Prüfungen angewendet:

- die Typzulassungsprüfung (Zertifizierung) zur Erlangung der allgemeinen Betriebserlaubnis (Type Approval TA),
- die Serienprüfung als routinemäßige Kontrolle der laufenden Fertigung durch den Hersteller, die durch stichprobenartige Kontrollen durch die Typzulassungsbehörde überprüft wird (Conformity of Production CoP),
- die Feldüberwachung (In-Service Conformity Check bei EU/ECE-Regelungen, In-Use Compliance Testing in den USA) zur Überprüfung des Emissionsminderungssystems von Serienfahrzeugen im realen Fahrbetrieb (im „Feld", in Deutschland daher „Feldüberwachung" genannt) durch den Hersteller und ggf. die Typzulassungsbehörde.

Typzulassungsprüfung

Typzulassungsprüfungen sind eine Voraussetzung für die Erteilung der allgemeinen Betriebserlaubnis für einen Fahrzeugtyp. Dazu müssen Prüfzyklen (Testzyklen) unter definierten Randbedingungen (Testprozeduren) gefahren und die vorgeschriebenen Emissionsgrenzwerte eingehalten werden. Die Prüfungen und die einzuhaltenden Emissionsgrenzwerte sind länderspezifisch festgelegt.

Für Pkw und leichte Nfz sind länderspezifisch unterschiedliche dynamische Testzyklen vorgeschrieben, die sich entsprechend ihrer Entstehungsart unterscheiden:

- aus Aufzeichnungen tatsächlicher Straßenfahrten abgeleitete Testzyklen, z. B. der FTP-Zyklus (Federal Test Procedure) in der US-EPA-Gesetzgebung,
- aus Abschnitten mit konstanter Beschleunigung und Geschwindigkeit konstruierte (synthetisch erzeugte) Testzyklen, z. B. der MNEFZ (modifizierter neuer europäischer Fahrzyklus) in den EU/ECE-Regelungen.

Zur Bestimmung der Schadstoffemissionen wird der durch den Testzyklus festgelegte Geschwindigkeitsverlauf auf dem Rollenprüfstand nachgefahren. Während der Fahrt wird das Abgas gesammelt und nach Ende des Fahrprogramms hinsichtlich der Schadstoffmassen analysiert.

Serienprüfung

In der Regel verlangen die CoP-Vorschriften (Conformity of Production), dass der Hersteller die Serienprüfung als Teil der Qualitätskontrolle während der Fertigung durchführt und dokumentiert. Dabei werden im Wesentlichen die gleichen Prüfverfahren und Grenzwerte angewandt wie bei der Typprüfung. Die Zulassungsbehörde auditiert die Serienprüfung und kann Nachprüfungen anordnen. Die schärfsten Anforderungen werden in den USA angewandt, wo eine annähernd lückenlose Qualitätsüberwachung verlangt wird (Compliance Assurance Program CAP in der EPA-Gesetzgebung, Production Vehicle Evaluation PVE in der CARB-Gesetzgebung).

Feldüberwachung

Bei der Feldüberwachung geht es um die Erkennung von typspezifischen Mängeln (z. B. Konstruktions- oder Fertigungsfehler, mangelhafte Wartungsvorschriften), die beim Betrieb von Fahrzeugen unter normalen Nutzungsbedingungen zu deutlich erhöhten Schadstoffemissionen führen. Hierzu wird eine Überprüfung der dauerhaften Einhaltung der Emissionsvorschriften an Serienfahrzeugen im Feld durchgeführt. Die Hersteller müssen hierfür Pläne aufstellen und von der Typzulassungsbehörde genehmigen lassen. Für die Prüfung werden stichprobenartig Serienfahrzeuge privater Fahrzeughalter ausgewählt, deren Laufleistung und Alter innerhalb festgelegter Grenzen liegen. Das Verfahren der Emissionsprüfung ist z. T. gegenüber der Typprüfung vereinfacht. Die Typzulassungsbehörde auditiert die Ergebnisse der Herstelleruntersuchungen und kann Nachprüfungen anordnen, sie kann aber auch eigene Untersuchungen durchführen.

Abgasuntersuchung

Eine weitere Prüfung richtet sich nicht an den Fahrzeughersteller, sondern an den einzelnen Fahrzeughalter. Bei der periodischen technischen Kontrolle des Abgasminderungssystems (in Deutschland bei der Abgasuntersuchung AU, in der EU beim Roadworthiness Test, in den USA bei der Inspection/Maintenance I/M) geht es um die Überprüfung, ob ein einzelnes Fahrzeug stark erhöhte Emissionen aufweist. Ist dies der Fall, muss es der Halter reparieren lassen und erneut vorführen, sonst erlischt die Betriebserlaubnis. Mit der Abgasuntersuchung soll auch sichergestellt werden, dass der Halter sein Fahrzeug entsprechend der Wartungsvorschriften pflegt und wartet.

EU und UN/ECE

Die europäische Emissionsgesetzgebung wird von der EU-Kommission (Generaldirektion Unternehmen, dem „EU-Wirtschaftministerium") in Zusammenarbeit mit Industrieverbänden und den EU-Mitgliedsstaaten erarbeitet und vom europäischen Parlament und dem Ministerrat der EU-Mitgliedsstaaten politisch beschlossen. Technische Detailregelungen werden als so genannte technische Anpassungen alleine vom Ministerrat beschlossen.

Grundlage der EU-Abgasgesetzgebung für Pkw und leichte Nfz bis zu einem zulässigen Gesamtgewicht von 3,5 Tonnen ist die Richtlinie 70/220/EWG aus dem Jahr 1970. Darin wurden zum ersten Mal Grenzwerte und Prüfvorschriften für die Abgasemissionen festgelegt und seither immer wieder fortgeschrieben. EU-Gesetze sind entweder Richtlinien („Directives", müssen noch in nationales Recht umgesetzt werden) oder Vorschriften (Regulations, direkt in allen EU-Mitgliedsstaaten gültig).

Ein weiteres Gremium zur Festlegung von Emissionsvorschriften, das für die EU relevant ist, ist die UN/ECE (United Nations Economic Commission for Europe), eine Organisation der vereinten Nationen. Hier werden seit 1958 Vorschriften für den Straßenverkehr erarbeitet, die ursprünglich die Wirtschaft und den Warenaustausch in Europa erleichtern sollten. An der Entwicklung von Emissionsvorschriften nehmen inzwischen neben den EU-Staaten und den europäischen Nicht-EU-Staaten viele weitere Staaten teil, insbesondere die USA und Kanada, die russische Föderation, Südafrika, Australien, Japan, Korea, Indien und China. Dabei dient die EU-Gesetzgebung zur Schadstoffemissionsminderung als Vorlage für die UN/ECE-Vorschrift R83.

Die Vorschrift R83 enthält alle Inhalte der EU-Gesetzgebung; d. h., sie bildet die unten beschriebenen EU-Stufen ab, ergänzt um Anforderungen für neuartige Antriebe (z. B. für Elektro- und Hybridfahrzeuge) oder neue Minderungssysteme (z. B. Partikelfilter) oder neue Prüfverfahren (z. B. zur Partikelmessung), für die eine weltweite Harmonisierung und Akzeptanz angestrebt wird. Es orientieren sich bei der Emissions-Gesetzgebung immer mehr Länder an den UN/ECE-Regelungen R83 für Emissionen und OBD und R101 für die Kraftstoffverbrauchsmessung.

EU/ECE-Gesetzgebung

Die EU-Gesetzgebung kennt im Unterschied zu den USA keine Emissionsminderungsprogramme, sondern verschärft die Emissionsanforderungen stufenweise. Die Stufen für Pkw und leichte Nfz werden mit Euro oder EU bezeichnet, die Stufen I–IV mit römischen Ziffern, ab Stufe 5 mit arabischen Ziffern. Die Stufen kennzeichnen immer eine weitere Verschärfung bei den Abgasgrenzwerten im Typ-1-Test, der im Folgenden noch genauer erklärt wird:

- EU I (ab 1. Juli 1992),
- EU II (ab 1. Januar 1996),
- EU III (ab 1. Januar 2000),
- EU IV (ab 1. Januar 2005),
- EU 5a (ab 1. September 2009),
- EU 5b (ab 1. September 2011),
- EU 6b (ab 1. September 2014),
- EU 6c (ab 1. September 2017).

Nur für Diesel-Pkw und leichte Nfz gibt es eine Interim-Stufe EU 6a, die eine vorzeitige Zertifizierung nach den niedrigen NO_x-Emissionsgrenzwerten der Stufe EU 6b erlaubt.

Im Unterschied zu den USA, wo eine Zertifizierung jeweils nur für ein Modelljahr erteilt wird, gilt eine Typzulassung für eine EU-Stufe bis zu dem Zeitpunkt, an dem die nächste Stufe verbindlich vorgeschrieben ist. Eine neue Abgasstufe wird demnach in zwei Schritten eingeführt. Im ersten Schritt müssen neue Fahrzeugtypen (die bisher noch nicht zertifiziert waren) die neuen Anforderungen einhalten. Im zweiten Schritt – i. d. R. ein Jahr später – müssen alle neu zugelassenen Fahrzeuge die neuen Grenzwerte einhalten.
Die EU-Vorschriften erlauben Steueranreize (Tax Incentives), wenn Emissionsstufen erfüllt werden, bevor sie zur Pflicht werden. Dies wurde z. B. in Deutschland bei der Gestaltung der Kfz-Steuersätze berücksichtigt. Für die Hersteller bedeutet dies, dass ein gewisser Druck besteht, Fahrzeuge, die zukünftige Stufen erfüllen, vor dem verbindlichen Einführungsdatum auf den Markt zu bringen.

Abgasemissionen

Die primäre Anforderung in der EU-Gesetzgebung sind die Schadstoffemissionen im neuen europäischen Fahrzyklus NEFZ (ab EU III MNEFZ), gemessen auf dem Fahrzeug-Rollenprüfstand bei einer Temperatur zwischen 20 und 30 °C (normale Umgebungstemperatur), dem so genannten Typ-1-Test. Die Grenzwerte sind auf die Fahrstrecke bezogen und in Gramm pro Kilometer (g/km) angegeben.

Die EU-Emissionsgesetzgebung legt Grenzwerte für folgende Schadstoffe fest:
- Kohlenmonoxid (CO),
- Kohlenwasserstoffe (HC), ab EU 5 auch für Kohlenwasserstoffe außer Methan (NMHC),
- Stickoxide (NO_x),
- Partikelmasse (PM), ab EU 5 für Benzindirekteinspritzung,
- Partikelanzahl (PN), ab EU 6b für Benzindirekteinspritzung.

Die Partikelanforderungen gelten nur für Benzindirekteinspritzung (und für Diesel), da aufgrund des dieselähnlicheren Brennverfahrens von einer höheren emittierten Partikelmasse und -anzahl ausgegangen wird. Die Emissionsgrenzwerte für Pkw und leichte Nfz Klasse 1 sind in Bild 1 dargestellt. Die Grenzwerte sind für Fahrzeuge mit Diesel- und Ottomotoren unterschiedlich, auch für alternative Kraftstoffe wie Erdgas (CNG) oder Ethanolkraftstoffe (z. B. E85, Benzin mit bis zu 85 % Volumenanteil Ethanol) gelten besondere Bestimmungen. Grundsätzlich strebt die EU jedoch gleiche Anforderungen für alle Kraftstoffe und Verbrennungsverfahren an.

Für Pkw (Klasse M1, Personentransport, max. 9 Sitzplätze) gelten ab EU III unabhängig von der zulässigen Gesamtmasse die gleichen Grenzwerte. Die leichten Nfz (Klasse N1, Gütertransport) werden in Abhängigkeit vom Fahrzeug-Bezugsgewicht in drei Unterklassen I, II und III eingeteilt. Die Grenzwerte der Klasse I entsprechen denen der Pkw, für die Klassen II und III gelten jeweils höhere Werte. Ab EU 5 wurde der Anwendungsbereich der Vorschrift auf schwerere Fahrzeuge der Klassen M2 und N2 ausgedehnt, die aber i. d. R. mit Dieselmotoren ausgestattet werden.

Für die Zulassung eines Fahrzeugtyps (Zertifizierung) muss der Hersteller nachweisen, dass die Emissionen der limitierten Schadstoffe die jeweiligen Grenzwerte über die gesetzlich vorgegebene Lebensdauer (als Fahrstrecke in Kilometern) nicht überschreiten. Diese betrug bis einschließlich EU III 80 000 km, wurde mit EU IV auf 100 000 km erhöht und hat ab EU 5 einen Wert von 160 000 km.

Die Typzulassungsprüfung im Typ-I-Test erfolgt mit einem Prüffahrzeug, das mindestens 3 000 km eingefahren wurde. Da die Emissionsgrenzwerte für das Fahrzeug am Ende seiner Lebensdauer gelten, werden die gemessenen Werte mit Verschlechterungsfaktoren multipliziert und dann mit den Grenzwerten verglichen. Hierfür können entweder gesetzlich vorgegebene Verschlechterungsfaktoren (Default Values) verwendet werden oder der Hersteller ermittelt diese speziell für diesen Fahrzeugtyp in einem in der Vorschrift definierten Dauerlaufprogramm, dem Typ-V-Test.

Neben den primären Anforderungen im Typ-I-Test gibt es zwei weitere Abgasanforderungen:

- Den Typ-II-Test, in dem die CO-Emissionen im Leerlauf ermittelt werden. Diese Werte spielen eine Rolle für die periodische Abgasuntersuchung von Ottomotorfahrzeugen.
- Den Typ-VI-Test, in dem die Kohlenwasserstoff- und Kohlenmonoxid-Emissionen nach dem Kaltstart bei –7 °C gemessen werden. Für diesen Test wird der erste Teil (der innerstädtische Teil) des MNEFZ gefahren. Dieser Test ist seit 2002 verbindlich und seither unverändert für EU III, EU IV, EU 5 und EU 6b gültig. Für EU 6c werden die Grenzwerte für HC und CO voraussichtlich auf ca. 1/3 gesenkt und ein neuer Grenzwert für NO_x eingeführt.

Ein neues Element der EU-Emissionsgesetzgebung wird voraussichtlich ab 2017 der RDE-Test (Real Driving Emissions) sein. Dieser hat das Ziel, sicherzustellen, dass die Emissionsgrenzwerte nicht nur im genormten Zyklus, sondern auch unter realen Straßenbedingungen eingehalten werden. Der RDE-Test wird in einer Expertengruppe der EU-Kommission unter Beteiligung von Automobilherstellern und Zulieferern in den Jahren 2012 bis 2014 erarbeitet.

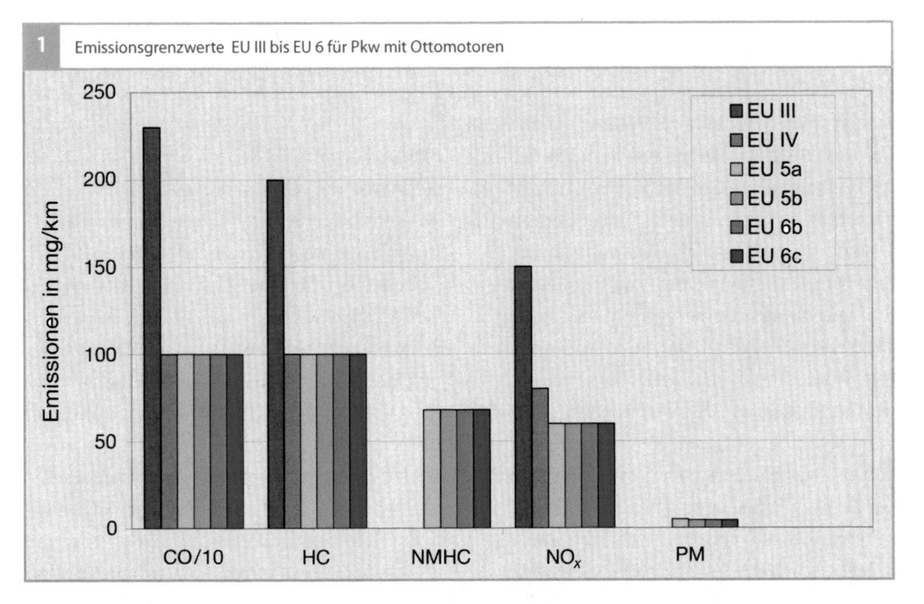

Bild 1
CO/10 bedeutet, dass der durch 10 geteilte Grenzwert für CO aufgetragen ist. Bei HC, NMHC, NO_x und PM sind direkt die Grenzwerte für Kohlenwasserstoffe, Kohlenwasserstoffe außer Methan, Stickoxide bzw. Partikelmasse aufgetragen.
Die Grenzwerte für die Partikelanzahl liegen bei $6 \cdot 10^{12}$ Partikel pro km für EU 6b und bei $6 \cdot 10^{11}$ Partikel pro km für EU 6c (wie auch für Diesel-Fahrzeuge ab EU 5b). Die Grenzwerte für Partikelmasse und für Partikelanzahl gelten nur für Benzindirekteinspritzung.

Verdunstungsemissionen

Eine weitere signifikante Quelle für Kohlenwasserstoffemissionen kann bei Ottomotorfahrzeugen die Emission von Kraftstoff durch Verdunstung aus dem Kraftstofftank und dem Kraftstoffkreislauf sein. Die Verdunstungsemissionen sind abhängig von der konstruktiven Auslegung des Fahrzeugs und der Kraftstofftemperatur. Als Begrenzungsmaßnahme wird i. A. ein Behälter mit Aktivkohle (Aktivkohlefalle, AKF) verwendet, in dem die Kraftstoffdämpfe gespeichert werden. Da die Aktivkohlefalle nur ein begrenztes Aufnahmevermögen hat, muss diese regeneriert werden. Dies geschieht durch die Spülung mit Frischluft während der Fahrt. Das Kraftstoff-Luft-Gemisch wird dabei dem Ansaugtrakt zugeführt und im Motor verbrannt.

In der EU-Gesetzgebung wird mit dem Typ-IV-Test die Verdunstungsemission geprüft und begrenzt. Die Bestimmung der Verdunstungsemissionen wird ab EU II in einer gasdichten Klimakammer, dem SHED (Sealed Housing for Evaporative Emissions Determination) durchgeführt. Die HC-Emission wird dabei zu Beginn und am Ende einer Prüfung erfasst und aus der Differenz die Verdunstungsverluste berechnet.

Man unterscheidet zwei Fälle: Das sind die Verdunstungsemissionen aus dem Kraftstoffsystem nach Abstellen des Fahrzeugs mit heißem Motor, nämlich die Heißabstellprüfung oder den Hot Soak Test, und die Verdunstungsemissionen aus dem Kraftstoffsystem infolge von Temperaturänderungen im Tagesverlauf, nämlich die Tankatmungsprüfung oder den Diurnal Test.

Für die Messung der Verdunstungsemissionen schreibt der Gesetzgeber einen detaillierten Prüfablauf mit mehreren Phasen vor, der ab EU III gleichgeblieben ist. Das Fahrzeug wird für den eigentlichen Test konditioniert, indem die Aktivkohlefalle definiert mit Kraftstoffdämpfen oder alternativ mit Butan beladen und anschließend der Tank zu 40 % mit Prüfkraftstoff gefüllt wird. Daraufhin folgt eine Konditionierungsfahrt auf dem Rollenprüfstand, gefolgt von einer Abstellphase zur Stabilisierung des Systems. Mit einer weiteren Konditionierungsfahrt wird der Motor heiß gefahren und gleichzeitig die Möglichkeit zum Spülen der Aktivkohlefalle gegeben. Sofort anschließend wird das Fahrzeug in den SHED verbracht und im Laufe einer Stunde die Heißabstellemissionen während der Abkühlung bestimmt. Nach Abkühlung auf 20 °C erfolgt die Tankatmungsprüfung. Hierzu wird die Temperatur im SHED über 24 Stunden von 20 °C auf 35 °C erhöht und wieder gesenkt. Damit soll ein typischer Sommertag simuliert werden. Der Grenzwert für die Summe der in beiden Prüfungen ermittelten HC-Emissionen ist 2 g pro Test.

Mit EU 6c wird es Änderungen im Ablauf der Konditionierung geben (weniger Gelegenheit zum Spülen) und der Tankatmungstest wird um 24 h verlängert (es zählt der höhere HC-Wert der beiden 24-h-Zyklen). Der Grenzwert bleibt voraussichtlich gleich. Über die Einführung von Dauerhaltbarkeitsanforderungen wird diskutiert.

CO_2-Emissionen

Aufgrund der Klimaschutzziele führte die EU verbindliche CO_2-Flottenziele für Pkw und für leichte Nfz ein. Die Flotte eines Herstellers muss für jedes Jahr einen Zielwert für die durchschnittliche CO_2-Emission (in g/km) einhalten, sonst werden Strafzahlungen fällig, die von der Höhe der Überschreitung abhängig sind. Es gibt keinen Bonus bei Unterschreitung.

Der Zielwert ist herstellerspezifisch und hängt linear vom Durchschnittsgewicht der verkauften Flotte ab. Als Zielwert wurde ein Durchschnittswert über alle verkauften Pkw von 130 g CO_2 pro km festgelegt. Das entspricht einem Verbrauch von etwa 5,5 *l* Benzin oder 4,9 *l* Diesel auf 100 km. Dieser Wert muss ab 2012 für 65 % der verkauften Neuwagen erfüllt werden. Der Prozentsatz wird bis 2015 stufenweise auf 100 % erhöht. Für leichte Nfz beträgt der Zielwert 175 g CO_2 pro km und gilt ab 2014 für 70 % der verkauften Fahrzeuge, mit einer stufenweise Erhöhung auf 100 % bis 2017.

Hersteller können sich zusammenschließen, um dann ein gemeinsames Ziel zur erreichen. Nischenhersteller und Hersteller mit kleinen verkauften Stückzahlen (z. B. für Pkw max. 10 000 Stück pro Jahr) können auf Antrag Sonderziele auf Basis ihrer bisherigen Emissionen genehmigt bekommen. Auf Antrag kann ein Hersteller bis zu 7 g CO_2 pro km Gutschrift durch „Öko-Innovationen" erreichen. Das sind fahrzeugseitige Maßnahmen, die sich im Typ-I-Test nicht auswirken, aber im normalen Straßenverkehr zu signifikanten und nachweisbaren CO_2-Minderungen führen, z. B. besonders effiziente Generatoren. Eine weitere Besonderheit sind „Super Credits", z. B. für Pkw, die weniger als 50 g CO_2 pro km emittieren. Damit sollen Hybride und Plug-in-Hybride gefördert werden. Für 2020 hat die EU-Kommission die Fortschreibung dieses Systems vorgeschlagen, mit Zielwerten von 95 g CO_2 pro km für Pkw und 147 g CO_2 pro km für leichte Nfz. Pkw müssen eine prozentual gleiche Minderung für alle Massen im Vergleich zu den Zielwerten für 2015 erreichen, für leichte Nfz müssen leichtere Fahrzeuge (die i. A. von Pkw abgeleitet sind) eine größere Minderung erreichen als schwerere.

Überprüfung der Serienproduktion und Feldüberwachung

Die EU-Gesetzgebung schreibt vor, dass die Hersteller Stichproben neu produzierter Serienfahrzeuge auf die Einhaltung der Emissionsgrenzwerte im Typ-I-Test überprüfen (Compliance of Production). Eine Teilstichprobe müssen die Hersteller unter normalen Nutzungsbedingungen im Straßenverkehr betreiben und in regelmäßigen Abständen bezüglich der Emissionen überprüfen (In-Service Conformity, Feldüberwachung). Hierzu müssen die Hersteller von der Typzulassungsbehörde einen Prüfungsplan genehmigen lassen. Die Behörde auditiert die Ergebnisse und kann Nachprüfungen verlangen.

Die EU-Gesetzgebung sieht weiterhin vor, dass die Typzulassungsbehörden eigenständig die Feldüberwachung durchführen können. Die Mindestanzahl der zu überprüfenden Fahrzeuge eines Fahrzeugtyps beträgt drei, bei geringen Überschreitungen werden in einem statistischen Verfahren bis zu 30 Fahrzeuge vermessen. Die zu überprüfenden Fahrzeuge müssen folgende Kriterien erfüllen:

- Die Laufleistung liegt zwischen 15 000 km und 80 000 km, das Fahrzeugalter zwischen 6 Monaten und 5 Jahren (für EU III). Für EU IV ist eine Laufleistung zwischen 15 000 km und 100 000 km festgelegt.
- Die regelmäßigen Inspektionen nach den Herstellerempfehlungen wurden durchgeführt.
- Das Fahrzeug weist keine Anzeichen von außergewöhnlicher Benutzung (wie z. B. Manipulationen, größere Reparaturen o. Ä.) auf.

Fällt ein Fahrzeug durch stark abweichende Emissionen auf, so ist die Ursache für die überhöhte Emission festzustellen. Weisen mehrere Fahrzeuge aus der Stichprobe aus dem gleichen Grund erhöhte Emissionen auf, gilt für die Stichprobe ein negatives Ergebnis. Bei unterschiedlichen Gründen wird die Probe um ein Fahrzeug erweitert, sofern die maximale Probengröße noch nicht erreicht ist.

Stellt die Typgenehmigungsbehörde fest, dass ein Fahrzeugtyp die Anforderungen nicht erfüllt, d. h., es liegt ein typspezifischer Mangel vor (z. B. durch Konstruktions- oder Fertigungsfehler), so muss der Fahrzeughersteller Maßnahmen zur Beseitigung des Mangels ausarbeiten. Die Maßnahmen müssen sich auf alle Fahrzeuge beziehen, die vermutlich denselben Defekt haben. Gegebenenfalls muss eine Rückrufaktion (Recall) erfolgen.

Periodische Abgasuntersuchung

Die EU-Gesetzgebung sieht auch die Möglichkeit einer periodischen technischen Kontrolle des Abgasminderungssystems von Fahrzeugen vor (Roadworthiness Test). Hierbei geht es um die Sicherstellung, dass der Halter sein Fahrzeug wie vom Hersteller vorgesehen wartet und ggf. repariert. Die konkrete Umsetzung obliegt den einzelnen EU-Mitgliedsstaaten. In Deutschland müssen Pkw und leichte Nfz vier Jahre nach der Erstzulassung und dann alle zwei Jahre zur Abgasuntersuchung (AU), die heute Teil der Hauptuntersuchung (HU) ist.

Die Abgasuntersuchung in der Werkstatt umfasst eine Sichtprüfung der Abgasanlage. Für Ottomotor-Fahrzeuge ohne On-Board-Diagnose (OBD) erfolgt eine Überprüfung des CO- und λ-Werts in einem definierten Drehzahlfenster (bei erhöhter Leerlaufdrehzahl) bei einer Mindestmotortemperatur. Für Fahrzeuge mit On-Board-Diagnose wird in der Regel nur das OBD-System ausgelesen. Anhand des Bereitschafts-Codes (Readiness-Code) wird überprüft, ob alle Diagnosefunktionen durchgeführt wurden, und durch Auslesen des Fehlerspeichers, ob Fehlereinträge vorliegen. Fällt ein Fahrzeug durch die AU-Prüfung, muss es der Halter reparieren lassen und erneut vorführen, sonst erlischt die Betriebserlaubnis.

Weltweit harmonisierte Testprozeduren und Testzyklen

Im Rahmen der UN/ECE wurde seit Anfang dieses Jahrtausends über einen „weltweit harmonisierten Testzyklus und dazugehörige Testprozeduren" für die Emissionszertifizierung von Pkw und leichte Nfz diskutiert (Worldwide Harmonized Light Vehicles Test Procedure/Cycle WLTP/C). Diese Idee wurde vor allem von Japan vorangetrieben. Bedingt durch die politischen Vorgaben der EU-Emissions-Gesetzgebung (EU 5 und 6) und der EU-CO_2-Gesetzgebung (für Flottenwerte), einen realistischeren Testzyklus und eine dazugehörige Testprozedur einzuführen, fand diese Idee auch Unterstützung durch die EU.

Der Zeitplan und die inhaltlichen Eckpunkte für das UN/ECE-WLTP-Programm wurden 2008 und 2009 festgelegt. Teilnehmer sind die EU, die Schweiz, Japan, Südkorea, Indien und China sowie die betroffenen Industrien (Automobilhersteller und Zulieferindustrie) und Nichtregierungsorganisationen. Die USA haben sich nach anfänglicher Teilnahme wieder aus dem Programm zurückgezogen, da die notwendigen Ressourcen für US-Gesetzgebungsvorhaben gebraucht wurden.

Ursprüngliches Ziel war die Entwicklung eines Testzyklus mit drei Teilen, nämlich innerorts (Urban), ländlichem Raum (Rural) und Schnellstraßen sowie Autobahnen (Motorways), der das Real World Driving abbilden soll. Der neue Testzyklus soll sowohl für die Emissionsbegrenzung als auch für die Bestimmung des Kraftstoffverbrauchs und der CO_2-Emissionen geeignet sein und den europäischen und den japanischen Testzyklus ersetzen.

Als Basis für die Zyklusentwicklung wurden Daten zum Fahrverhalten im fließenden Verkehr für die Regionen EU, Japan, Indien, Südkorea und USA erhoben. Diese Daten wurden mit weiteren statistischen Daten zum Straßenverkehr verknüpft und mit Methoden, die in Japan bei der Entwicklung des JC08-Zyklus und in der UN/ECE bei der Entwicklung von Zyklen für Motorräder und für schwere Nfz erarbeitet wurden, weiter analysiert und daraus in mehreren Iterationen ein Hauptzyklus sowie mehrere Spezialzyklen abgeleitet.

Der WLTC besteht aus vier Phasen (Low, Mid, High und Extra High Speed). Für spezielle Fahrzeugsegmente wurden weitere Zyklen entwickelt: für die japanischen „Kei-Cars" eine abgeschwächte Variante des WLTC und für den indischen Markt zwei Zyklen für Fahrzeuge mit sehr niedrigem Motorleistungs-Masse-Verhältnis (Low Powered Vehicle Test Cycles LPTC). Der WLTC ist in Bild 11 dargestellt.

Parallel zur Zyklusentwicklung haben Expertenarbeitsgruppen aus Industrie, Behörden und Nichtregierungsorganisationen die bestehenden UN/ECE-Prüfvorschriften mit dem Ziel überarbeitet, deutlich realistischere Verbrauchs- und Emissionsmessungen zu ermöglichen. Neben der grundlegenden Testprozedur wurden auch spezielle Anforderungen für elektrifizierte Fahrzeuge wie Hybride und Elektrofahrzeuge erarbeitet. Weitere Schwerpunkte waren die Messmethoden für gasförmige Schadstoffe und für Partikelmasse und -anzahl. Zyklen und Testprozeduren sollen 2013 als „UN/ECE Global Technical Regulation" fertig gestellt und 2014 durch die UN/ECE beschlossen werden.

Die EU-Kommission hat Anfang 2013 vorgeschlagen, in der EU den NEDC ab 2017 durch den WLTC sowohl für die Emissionsbegrenzung als auch für die Bestimmung des Kraftstoffverbrauchs und der CO_2-Emissionen zu ersetzen. Die Automobilindustrie plädiert hingegen für eine Einführung nach 2020, um die notwendige Vorlaufzeit für die Entwicklung und die Umstellung der Produktion zu gewährleisten.

Die WLTP und der WLTC betreffen nicht nur die EU, sondern mittelfristig viele weitere Länder wie China, Indien, die russische Föderation, andere südostasiatische Länder, Australien, Südafrika und lateinamerikanische Länder, die die UN/ECE-Regelungen direkt oder in modifizierter Form übernehmen.

Auch Japan und Südkorea wollen längerfristig die eigene Gesetzgebung aufgeben und die UN/ECE-Regelungen übernehmen. Die USA werden wahrscheinlich weiterhin ihre nationalen Zyklen und Testprozeduren beibehalten.

USA

Die ersten Emissionsvorschriften für Kraftfahrzeuge wurden Mitte der 1960er-Jahre in Kalifornien durch die Luftreinhaltebehörde CARB (California Air Resources Board) erlassen. In den 1970er-Jahren wurde der „Clean Air Act" (CAA) als US-Bundesgesetz erlassen, der die gesetzliche Basis für die Luftreinhaltevorschriften der US-Bundesbehörde EPA (Environmental Protection Agency) ist. Auf Basis der damaligen kalifornischen Anforderungen hat die EPA die US-Abgasvorschriften (z. B. den FTP-Zyklus) entwickelt. Kalifornien hat seitdem die EPA-Vorschriften als Basis für die eigenen Vorschriften verwendet. Da Kalifornien historisch gesehen vor dem US-Bund eine Abgasgesetzgebung eingeführt hatte, wurde diesem Bundesstaat als einzigem im CAA das Sonderrecht auf eine eigene Emissionsgesetzgebung eingeräumt, solange die CARB-Anforderungen mindestens so streng wie die jeweils gültigen EPA-Anforderungen sind. Die anderen Bundesstaaten der USA können entweder die EPA-Vorschriften implementieren (im Regelfall) oder aufgrund besonderer Probleme bei der Einhaltung der durch den Bund vorgegebenen Luftqualitätsziele die strengeren CARB-Vorschriften. Ursprünglich haben nur einige nordöstliche Bundesstaaten die CARB-Vorschriften übernommen, zwischenzeitlich ist die Zahl auf elf (Stand April 2013) gestiegen. Mit dem „Single National Criteria Pollutant Program" (SNCP) soll versucht werden, die CARB- und die EPA-Anforderungen, die seit 2004 stark auseinander gelaufen sind, ab 2017 möglichst weitgehend zu harmonisieren.

CARB-Gesetzgebung

Die Emissionsanforderungen der kalifornischen Luftreinhaltebehörde CARB (California Air Resources Board) für Pkw (Passenger Cars PC), leichte Nutzfahrzeuge (Light-Duty Trucks LDT, darunter fallen auch die als Pkw genutzten Pick-up-Trucks und Geländewagen) und mittelschwere Fahrzeuge (Medium Duty Vehicles MDV) bis zu einem zulässigen Gesamtgewicht von 14 000 lbs (US-Pfund; 1 lb = 0,454 kg) sind in den Low-Emission-Vehicle-Emissionsminderungsprogrammen (LEV) festgelegt:

- LEV I (ab Modelljahr 1994),
- LEV II (ab Modelljahr 2004),
- LEV III (ab Modelljahr 2015).

Jedes Programm sieht eine Reihe von Zertifizierungskategorien mit gestaffelten Abgasgrenzwerten vor, sowie Flottendurchschnittswerte, die die betroffenen Flotten (PC und LDT1 oder LDT2) an verkauften Fahrzeugen eines Herstellers einhalten müssen. Für MDV gelten gestaffelte prozentuale Mindestanteile für die einzelnen Zertifizierungskategorien. Mit jedem Programm gelten schärfere Anforderungen an die Abgas- und Verdunstungsemissionen, d. h., die Neufahrzeuge müssen immer sauberer werden.

Parallel findet auch eine Anpassung der Marktkraftstoffe an die Minderungsziele statt, d. h., auch deren Spezifikationen werden geändert. 2003 wurde das „California Reformulated Gasoline III" eingeführt, das bis zu 10 % Volumenanteil Ethanol zulässt (E10). Gleichzeitig wurde MTBE als Oktanzahlverbesserer verboten. Eine entsprechende Anpassung des Zertifizierungsbenzins findet aber erst mit dem LEV-III-Programm statt.

Die primäre Anforderung sind die Schadstoffemissionen im FTP-Zyklus (Federal Test Procedure), gemessen bei einer Temperatur zwischen 20 und 30 °C auf dem Rollenprüfstand. Die Grenzwerte sind auf die Fahrstrecke bezogen und in Gramm pro Meile festgelegt.

Die CARB-Gesetzgebung legt Grenzwerte fest für:

- Kohlenmonoxid (CO),
- Stickoxide (NO_x),
- organische Gase außer Methan (NMOG),
- Formaldehyd (ab LEV II),
- Partikelmasse (PM, für Diesel ab LEV I, für Ottomotoren ab LEV II).

Mit LEV III werden die Einzelgrenzwerte für NMOG und NO_x durch einen Summengrenzwert ersetzt.

Grundsätzlich gelten die Grenzwerte unabhängig vom Antriebssystem, d. h., es gelten die gleichen Werte für Otto- und Dieselmotoren unabhängig vom Kraftstoff (Benzin, Diesel, Erdgas, Ethanolkraftstoffe). Es gibt aber auch spezielle Anforderungen für einzelne Antriebe und Kraftstoffe, die deren besondere Eigenschaften berücksichtigen.

Neben den primären Anforderungen im FTP-Test gibt es weitere Abgasanforderungen gemäß CARB, z. B.

- CO im FTP-Test bei niedriger Umgebungstemperatur (–7 °C),
- CO im FTP-Test bei mittlerer Umgebungstemperatur (10 °C),

- NO_x im Highway-Test,
- CO sowie die Summe von NMHC (Kohlenwasserstoffe ohne Methan) und NO_x in den Supplemental Federal Test Procedures (SFTP).

Diese Anforderungen werden z. T. mit LEV III im Vergleich zu LEV II deutlich verschärft. Dies gilt insbesondere für die SFTP-Anforderungen, deren Einhaltung zusätzlich zum FTP die Entwicklung von neuen Technologien erfordern.

Phase-in

Die LEV-Programme werden nicht von einem Jahr auf das andere eingeführt, sondern über ein Phase-in, d. h. die schrittweise Einführung der Anforderungen über mehrere Jahre für immer größere Anteile der Neuwagenflotte, z. B. für LEV II zu je 25 %, 50 %, 75 %, 100 % der neu zugelassenen Fahrzeuge in den Modelljahren 2004, 2005, 2006 bzw. 2007. Parallel findet damit ein Phase-out der bisherigen Vorschriften statt. Mit dem Phase-in haben die Hersteller die Möglichkeit, neue Technologien zuerst bei einer kleineren Zahl von Fahrzeugtypen und davon verkauften Fahrzeugen einzuführen und Erfahrungen im Feld zu sammeln. Kleine Hersteller müssen neue Vorschriften erst zum Ende des Phase-in-Zeitraums erfüllen.

Zertifizierungskategorien

Der Automobilhersteller kann innerhalb der vorgeschriebenen Grenzwerte und unter Einhaltung des Flottendurchschnitts (siehe unten) unterschiedliche Fahrzeugkonzepte einsetzen, die nach ihren Emissionswerten für CO-, NMOG- und NO_x-Emissionen im FTP-Test in folgende Zertifizierungskategorien eingeteilt sind. Mit LEV III wird von Einzelgrenzwerten auf Summengrenzwerte für NMOG und NO_x umgestellt, wodurch die Hersteller etwas mehr Flexibilität bei der Applikation der Fahrzeuge erhalten.

LEV II:

- LEV (Low-Emission Vehicle),
- ULEV (Ultra-Low-Emission Vehicle),
- SULEV (Super Ultra-Low-Emission Vehicle).

LEV III:

- LEV 160 (die Zahl steht für Summengrenzwert für NMOG und NO_x in mg pro Meile).
- ULEV 125,
- ULEV 70,
- ULEV 50,
- SULEV 30,
- SULEV 20.

Die Grenzwerte für die Zertifizierungskategorien gemäß LEV II und LEV III sind in Bild 2 und Tabelle 1 dargestellt. Die Anzahl der Zertifizierungskategorien wurde von drei auf sechs erhöht. Die neue Kategorie SULEV 20 stellt eine weitere Verschärfung gegenüber dem bisher strengsten Grenzwert SULEV (jetzt SULEV 30) dar. Im Bild ist auch der Grenzwert von 10 mg/Meile für die Partikelmasse (PM) für LEV-II-Zertifizierungen enthalten. Mit LEV III gibt es einen verschärften PM-Grenzwert von 3 mg/Meile, der über ein separates Phase-in 2017 bis 2021 zu je 10 %, 20 %, 40 %, 70 % bzw. 100 % der neu zugelassenen Fahrzeuge eingeführt wird.

Zusätzlich zu den Zertifizierungskategorien von LEV II und LEV III sind im ZEV-Programm (Zero Emission Vehicle) Kategorien von emissionsfreien und fast emissionsfreien Fahrzeugen definiert.

Dauerhaltbarkeit

Für die Zulassung eines Fahrzeugtyps (Typprüfung) im LEV-II-Programm muss der Hersteller nachweisen, dass die Emissionen der limitierten Schadstoffe die jeweiligen

2 Zertifizierungskategorien für Pkw und leichte Nfz gemäß CARB-Gesetzgebung

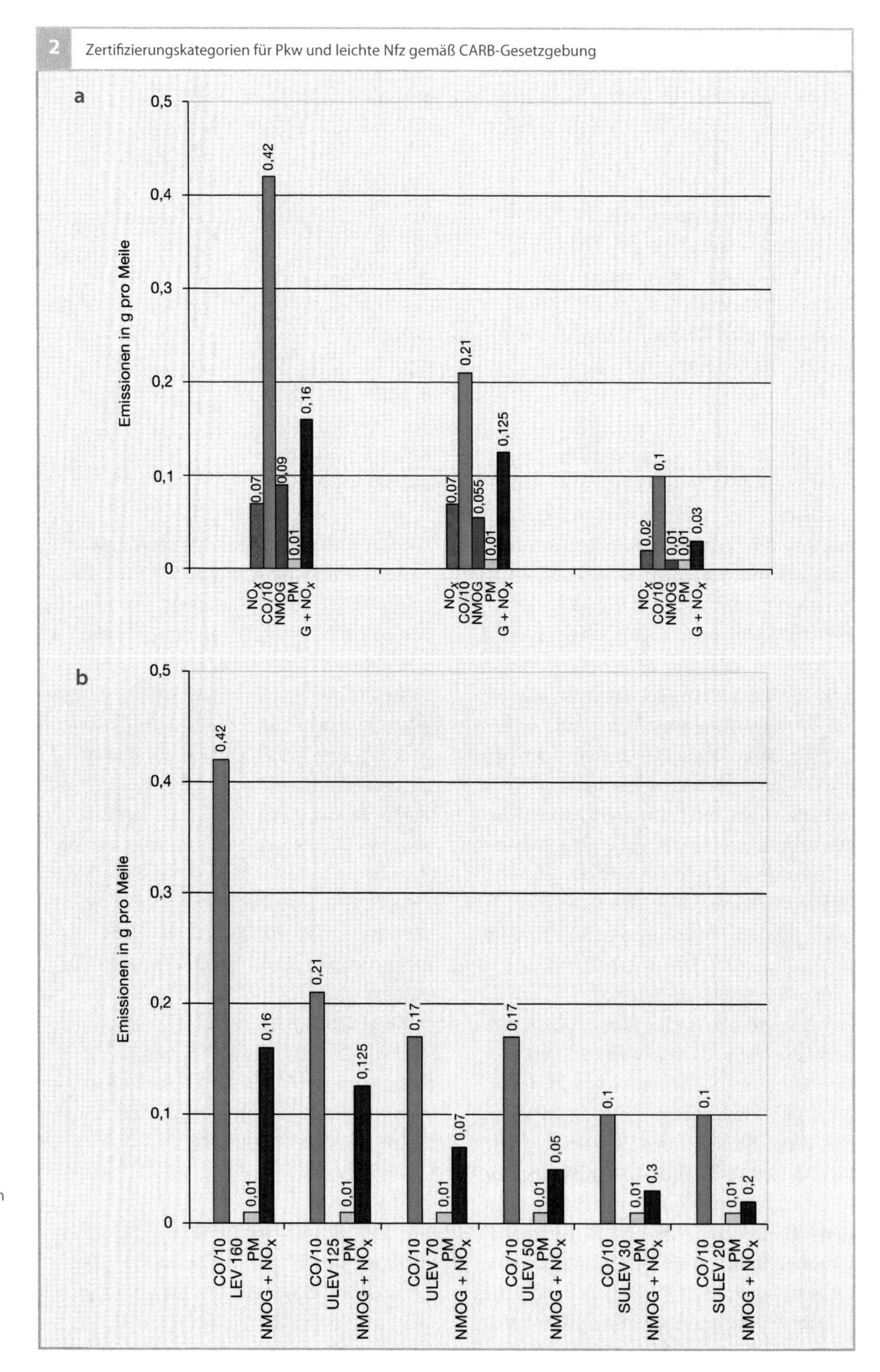

Bild 2
a) LEV II
b) LEV III
CO/10 bedeutet, dass der durch 10 geteilte Grenzwert für CO aufgetragen ist. Bei allen anderen Abgaskomponenten sind die Grenzwerte direkt aufgetragen. NMOG + NO_x bezeichnet den Summengrenzwert für NMOG und NO_x.

Grenzwerte über 50 000 Meilen oder 5 Jahre (Intermediate Useful Life) und über 120 000 Meilen oder 10 Jahre (Full Useful Life) nicht überschreiten (1 Meile = 1,609 km). Optional kann der Fahrzeughersteller die LEV-II-Fahrzeuge auch für eine Laufleistung (Full Useful Life) von 150 000 Meilen oder 15 Jahren mit gleichen Grenzwerten wie für 120 000 Meilen zertifizieren. Dann erhält er einen Bonus bei der Bestimmung des NMOG-Flottendurchschnitts. Für die Zulassung nach dem ZEV-Programm gelten 150 000 Meilen oder 15 Jahre (Full Useful Life). Diese Anforderung wird mit dem LEV-III-Programm auf alle PC, LDT und MDPV ausgedehnt.

Flottendurchschnitt

Jeder Fahrzeughersteller muss dafür sorgen, dass die von ihm in Kalifornien verkauften Fahrzeuge im Durchschnitt einen bestimmten Grenzwert für die Abgasemissionen nicht überschreiten, nämlich den Flottendurchschnitt. Für das LEV-II-Programm gilt als Kriterium die NMOG-Emission. Der Flottendurchschnitt ergibt sich aus dem Mittelwert der NMOG-Grenzwerte im Intermediate Useful Life aller von einem Fahrzeughersteller in einem Jahr verkauften Fahrzeuge (für SULEV-Fahrzeuge der NMOG-Grenzwerte im Full Useful Life). Es gibt separate Grenzwerte für den Flottendurchschnitt der Personenkraftwagen mit den leichteren Nutzfahrzeuge (PC/LDT1) und für schwerere Nutzfahrzeuge (LDT2).

Die Grenzwerte für den NMOG-Flottendurchschnitt werden jedes Jahr herabgesetzt. Das bedeutet, dass der Fahrzeughersteller immer mehr Fahrzeuge der saubereren Abgaskategorien verkaufen muss, um den niedrigeren Flottengrenzwert einhalten zu können. In Bild 3a ist der NMOG-Flottendurchschnitt dargestellt (für PC/LDT1), in Bild 3b sind die jeweils möglichen NMOG-Grenzwerte der Zertifizierungskategorien gezeigt. Die NMOG-Flottendurchschnittsanforderung für 2010 gilt auch für die Jahre 2011 bis 2014.

Mit dem LEV-III-Programm wird auf den Summenwert von NMOG und NO_x als Kriterium gewechselt, analog zur Umstellung auf den Summengrenzwert bei den Zertifizierungskategorien. Für LEV III sinken die Flottendurchschnittswerte von 2015 bis 2025 auf den Zielwert von 30 mg pro Meile, d. h. dem Wert der Zertifizierungskategorie SULEV 30 im Full Useful Life. Dies ist in Bild 4 für die PC/LDT1- und LDT2/MDV-Flotten dargestellt. Bis einschließlich 2019 sind noch Typzulassungen nach LEV II möglich, danach müssen alle Pkw und leichten Nfz nach LEV III zertifiziert werden.

Die CARB-Vorschriften erlauben für den Flottendurchschnitt den Ausgleich über mehrere Modelljahre, d. h., die Nichterfüllung für ein Modelljahr kann durch die Übererfüllung in anderen Jahren ausgeglichen werden.

Kategorie	LEV II NOMG	LEV II NO_x	LEV III, kombinierter Grenzwert für NMOG und NO_x	LEV III CO
LEV 160	0,090	0,070	0,160	4,2
ULEV 125	0,055	0,070	0,125	2,1
ULEV 70	–	–	0,070	1,7
ULEV 50	–	–	0,050	1,7
SULEV 30	0,010	0,020	0,030	1,0
SULEV 20	–	–	0,020	1,0

Tabelle 1
Zertifizierungskategorien für Pkw und leichte Nfz gemäß CARB-Gesetzgebung

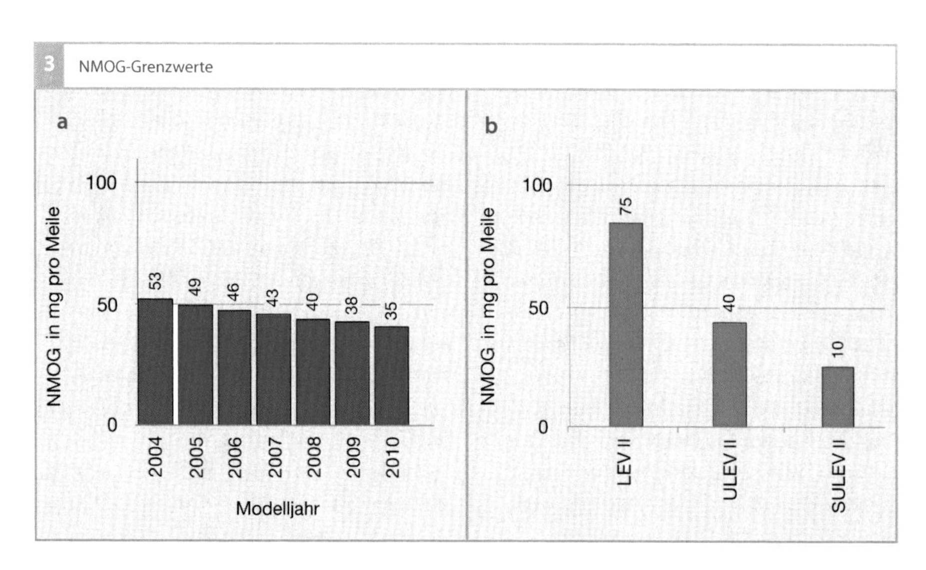

Bild 3
a) Flottendurchschnitt.
b) Grenzwert nach LEV II

Verdunstungsemissionen

In der CARB-Gesetzgebung werden drei Arten von Verdunstungsemissionen begrenzt:

- Verdunstungsemissionen aus dem Kraftstoffsystem nach Abstellen des Fahrzeugs mit heißem Motor: Heißabstellprüfung oder „Hot Soak Test",
- Verdunstungsemissionen aus dem Kraftstoffsystem infolge von Temperaturänderungen im Tagesverlauf: Tankatmungsprüfung oder „Diurnal Test",
- Verdunstungsemissionen während der Fahrt z. B. durch Permeation: „Running Loss Test".

Die Bestimmung der Verdunstungsemissionen wird in einer gasdichten Klimakammer, dem SHED (Sealed Housing for Evaporative Emissions Determination) durchgeführt. Die HC-Emission wird dabei zu Beginn und am Ende einer Prüfung erfasst und aus der Differenz die Verdunstungsverluste berechnet. Für die Messung der Verdunstungsemissionen schreibt die CARB einen detaillierten Prüfablauf mit mehreren Phasen vor. Es gibt einen Ablauf für die Typzulassung (unten beschrieben) und einen etwas weniger aufwendigen Ablauf für die Serienprüfung (CoP).

Nach einer Vorbereitungsfahrt auf dem Rollenprüfstand wird das Fahrzeug wird für den eigentlichen Test konditioniert, indem der Tank zu 40 % mit Prüfkraftstoff gefüllt und anschließend die Aktivkohlefalle definiert mit Butan beladen wird. Dann wird ein FTP-Test gefahren und dabei die Abgasemissionen gemessen. Dabei wird der Motor heiß gefahren und gleichzeitig die Möglichkeit zum Spülen der Aktivkohlefalle gegeben.

Daraufhin folgt der „Running Loss Test" auf dem im SHED integrierten Rollenprüfstand bei 40,6 °C. Dabei werden folgende Zyklen durchfahren: einmal FTP 72. zweimal New York City Cycle, einmal FTP 72. Der Grenzwert beträgt 0,05 g HC pro Meile. Sofort anschließend wird im Laufe einer Stunde die Heißabstellemission während der Abkühlung bestimmt. Nach Abkühlung auf 18,3 °C erfolgt die Tankatmungsprüfung. Hierzu wird die Temperatur im SHED über 24 Stunden von 18,3 °C auf 40,6 °C erhöht und wieder abgekühlt. Damit soll ein typischer Sommertag simuliert werden. Dieser 24-Stunden-Test wird dreimal hintereinander durchgeführt (Three Day Diurnal). Der höchste gemessene 24-Stunden-Wert und

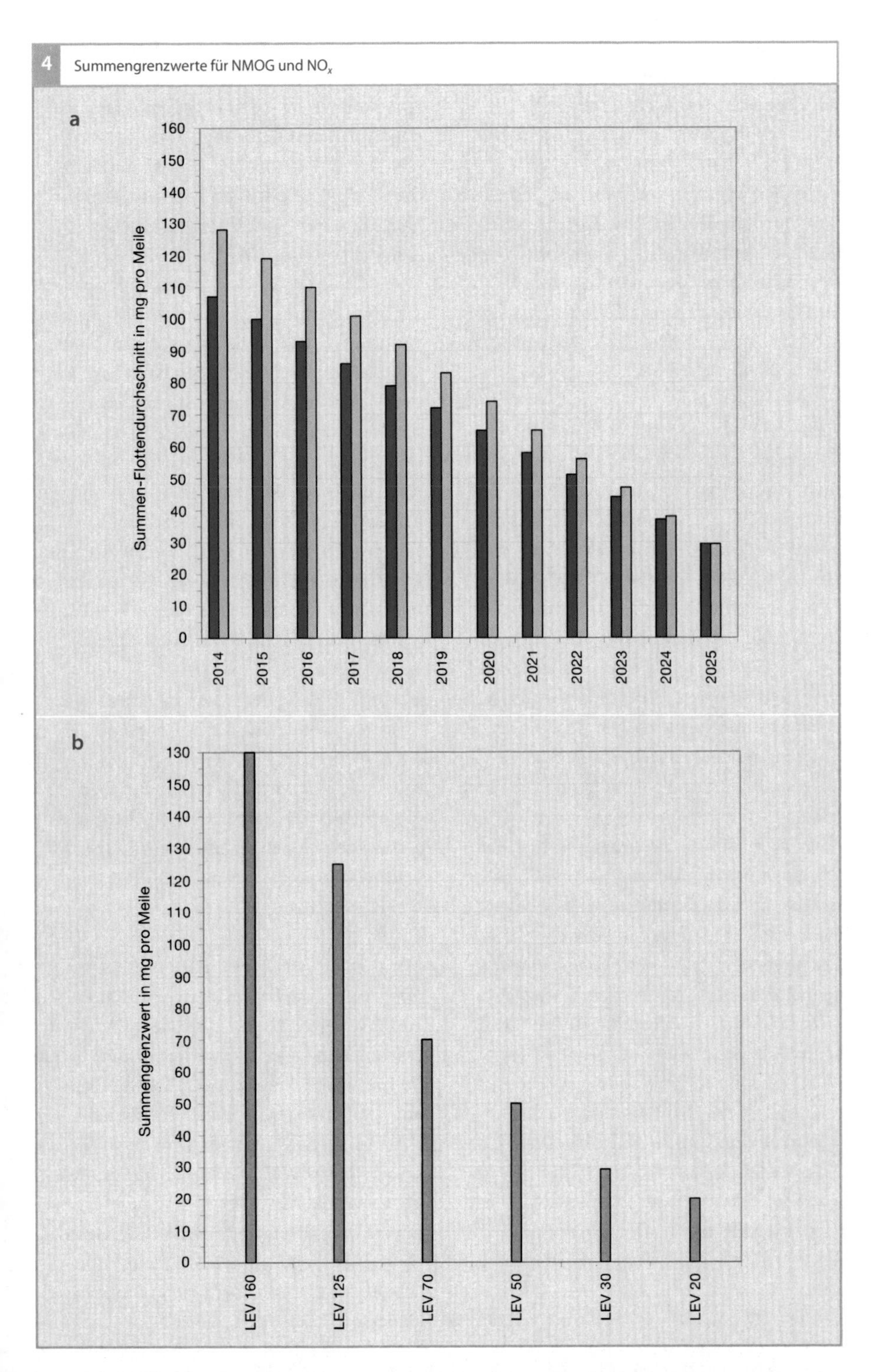

Bild 4

a) Flottendurchschnitt.. Der Wert für PC/LDT1 isr dunkelblau, der für LDT2/MDPV hellblau gezeichnet.

b) Grenzwert nach LEV III

der Heißabstellwert im Typzulassungstest werden addiert und mit dem entsprechenden Grenzwert verglichen: Er liegt für LEV II für PC bei 0,5 g HC pro Test, für LDT1 bei 0,65 g HC pro Test.

Für die Serienkontrolle wird der Test „Two Day Diurnal + Hot Soak" verwendet, mit vereinfachtem Ablauf und nur zwei 24-Stunden-Zyklen. Der Grenzwert liegt für LEV II für PC bei 0,65 g HC pro Test, für LDT1 bei 0,85 g HC pro Test. Die Grenzwerte müssen über 150 000 Meilen oder 15 Jahre eingehalten werden.

Für PC und LDT1, die nach der ZEV-Gesetzgebung zertifiziert werden, gilt zum einen ein niedrigerer Grenzwert im SHED-Test von 0,350 g HC pro Test sowie zusätzlich die Anforderung „Zero Evaporative Emissions". Gemeint sind praktisch keine Emissionen von Kraftstoff (der Grenzwert liegt bei 0,054 g HC pro Test). Hierzu wird der „Rig-Test" mit einem Aufbau aus Tank, Kraftstoffleitungen, Aktivkohlefalle und Motor in Abstimmung zwischen CARB und Fahrzeughersteller durchgeführt. Das ZEV-Programm wird im Folgenden noch genauer erläutert.

Mit dem LEV-III-Programm werden die Verdunstungsanforderungen der ZEV-Gesetzgebung auf alle Fahrzeuge ausgedehnt. Die Hersteller können entweder die oben beschriebenen ZEV-Grenzwerte einhalten oder alternativ etwas strengere Grenzwerte im SHED-Test (sie liegen für PC und LDT1 bei 0,300 g HC pro Test) sowie den neuen BETP-Test (Bleed Emissions Test Procedure), mit dem die Dichtheit und das Spülverhalten nur von Tank, Kraftstoffleitungen und Aktivkohlefalle, jedoch ohne Motor geprüft wird (der Grenzwert für PC und LDT1 liegt bei 0,020 g HC pro Test). Die Grenzwerte für die Typzulassungstests sind in Bild 5 dargestellt.

Weitere Prüfungen sind der Refueling Emission Test, bei dem die verdrängten Kraftstoffdämpfe beim Betanken erfasst werden (On-Board Refueling Vapor Recovery ORVR), und der „Spitback Test", mit dem die verspritze Kraftstoffmenge pro Tankvorgang gemessen wird. Diese Tests gelten in gleicher Form für CARB und EPA.

ZEV-Programm

Aufgrund der speziellen Situation in den kalifornischen Ballungsräumen ist es aus Sicht der CARB-Behörde langfristig notwendig, den Verbrennungsmotor mit seinen Emissionen durch „Null-Emissions-Fahrzeuge" zu ersetzen. Dazu fährt die Behörde zweigleisig: Mit den LEV-Programmen werden die Emissionsanforderungen an Verbrennungsmotorfahrzeuge immer höher geschraubt:

- Mit LEV I wurde der geregelte Drei-Wege-Katalysator für alle Ottomotorfahrzeuge eingeführt.
- Mit LEV II lag der Fokus auf einer weiteren Verminderung der Emission der Ozonvorläufer NMOG und NO_x.
- Mit LEV III wird dies fortgeschrieben, zusätzlich ist die Begrenzung der Partikelemissionen hinzugekommen (für Diesel- und Ottomotorfahrzeuge mit Benzindirekteinspritzung).

Mit dem ZEV-Programm (Zero Emission Vehicle) soll die Entwicklung und Markteinführung von Null-Emissions-Fahrzeugen erzwungen werden, die weiterhin auch einen Beitrag zur Reduzierung der Treibhausgasemissionen leisten sollen. Aus Sicht der CARB sind viele Technologien, die in der ersten Phase der ZEV-Gesetzgebung entwickelt wurden, inzwischen Stand der Technik und werden daher im LEV-III-Programm „flächendeckend" für alle Fahrzeuge über entsprechende Anforderungen (Grenzwerte, Dauerhaltbarkeit) gefordert.

5 Grenzwerte für Verdunstungsemissionen nach LEV II, ZEV und LEV III (gemäß CARB-Gesetzgebung)

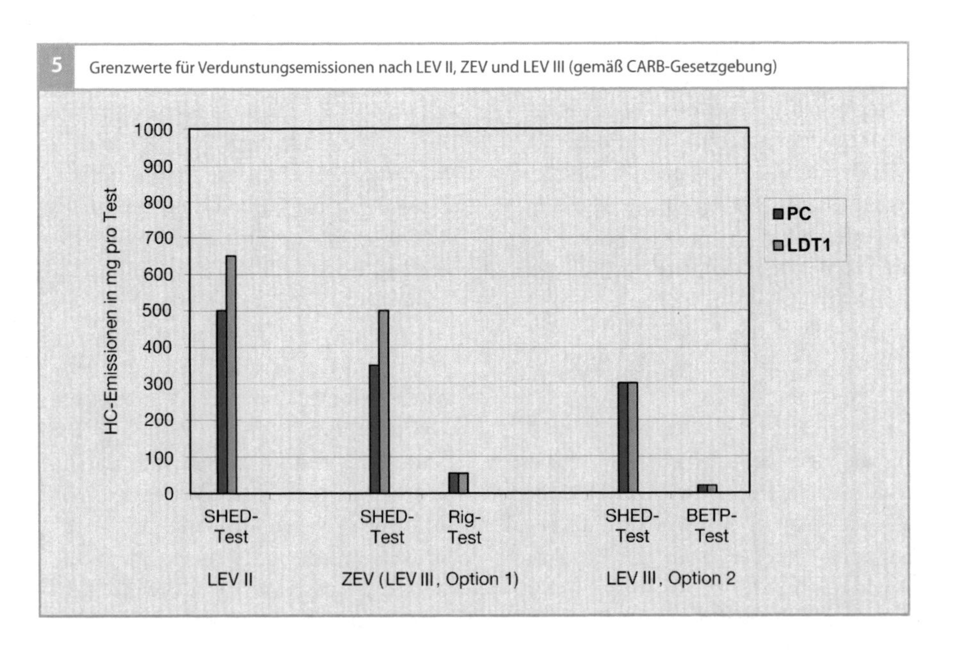

Das ZEV-Programm definiert drei Kategorien von emissionsfreien und fast emissionsfreien Fahrzeugen:

- PZEV (Partial ZEV, d. h. Verbrennungsmotorfahrzeuge (mit Otto- oder Dieselmotor) zertifiziert als SULEV mit erhöhter Dauerhaltbarkeit und Garantie für das Emissionsminderungssystem (150 000 Meilen) sowie praktisch keinen Verdunstungsemissionen im Test (siehe oben).
- AT-PZEV (Advanced Technology PZEV): PZEV mit alternativen Antrieben (z. B. Hybridfahrzeuge) oder PZEV, die alternative Kraftstoffe nutzen (z. B. Gasfahrzeuge). Beides ist aus Sicht der CARB eine Brückentechnologie zu den „echten" ZEV.
- ZEV (Zero-Emission Vehicle): Fahrzeuge ohne Abgas- und Verdunstungsemissionen, z. B. Elektrofahrzeuge oder Wasserstoff-Brennstoffzellenfahrzeuge.

Das ZEV-Programm sieht für die großen Automobilhersteller Mindeststückzahlen für ZEV, AT-PZEV und PZEV Fahrzeuge vor, die ab 2005 bis 2017 stufenweise ansteigen und immer größere Anteile an AT-PZEV und ZEV vorsehen. Die Berechnung der Stückzahlen erfolgt nicht direkt, sondern über sogenannte „ZEV Credits", die u. a. von der verwendeten Technologie und deren Leistungsfähigkeit sowie dem Modelljahr abhängig sind. Ab 2018 entfällt die Kategorie PZEV und die notwendigen Stückzahlen für AT-PZEV und ZEV steigen bis 2025 stark an. Außer Nischenherstellern müssen dann alle Automobilhersteller die Anforderungen erfüllen.

Feldüberwachung

Für im Verkehr befindliche Fahrzeuge (In-Use-Fahrzeuge) wird stichprobenartig eine Abgasemissionsprüfung im FTP-Test sowie eine Verdunstungsemissionsprüfung durchgeführt. Es werden, abhängig von der jeweiligen Abgaskategorie, Fahrzeuge mit Laufstrecken unter 75 000, 90 000 und 105 000 Meilen überprüft.

Für Fahrzeuge ab dem Modelljahr 1990 unterliegen die Fahrzeughersteller einem Berichtszwang hinsichtlich Beanstandungen und Schäden an definierten Emissionskomponenten oder -systemen. Der Berichtszwang besteht für maximal 15 Jahre oder 150 000 Meilen, je nach Garantiedauer des Bauteils oder der Baugruppe. Das Berichtsverfahren ist in drei Berichtsstufen mit ansteigender Detaillierung angelegt:

- Emissions Warranty Information Report (EWIR),
- Field Information Report (FIR),
- Emission Information Report (EIR).

Dabei werden Informationen bezüglich Beanstandungen, Fehlerquoten, Fehleranalyse und Emissionsauswirkungen an die Umweltbehörde weitergegeben. Der Field Information Report dient der Behörde als Entscheidungsgrundlage für Rückrufe gegenüber dem Fahrzeughersteller.

EPA-Gesetzgebung

Die Emissionsanforderungen der US-Bundesbehörde EPA (Environmental Protection Agency) für Pkw (LDV, Light Duty Vehicles) und leichte Nutzfahrzeuge (LDT, Light-Duty Trucks, unterteilt in Light Light-Duty Trucks (LLDT) and Heavy Light-Duty Trucks (HLDT) sind in den Stufen-Emissionsminderungsprogrammen (Tier) festgelegt:

- Tier 1 (ab Modelljahr 1994),
- Tier 2 (ab Modelljahr 2004),
- Tier 3 (ab Modelljahr 2017).

Ab Tier 2 bilden mittelschwere Fahrzeuge, die primär für den Personentransport gedacht sind (z. B. schwere Geländewagen) eine eigene Fahrzeugkategorie als MDPV (Medium Duty Passenger Vehicle). Diese Fahrzeuge waren in Tier 1 den schweren Nutzfahrzeugen (Heavy Duty Vehicles) zugeordnet.

Jedes Programm sieht eine Reihe von Zertifizierungskategorien mit gestaffelten Abgasgrenzwerten sowie einen Flottendurchschnittswert (ab Tier 2) vor, den die betroffenen Flotten (LDV und LLDT sowie HLDT und MDPV) an verkauften Fahrzeugen eines Herstellers einhalten müssen. Mit jedem Programm gelten schärfere Anforderungen an die Abgas- und Verdunstungsemissionen, d. h., die Neufahrzeuge müssen immer sauberer werden.

Mit Tier 1 wurde der geregelte Drei-Wege-Katalysator für alle Ottomotorfahrzeuge eingeführt. Mit Tier 2 lag der Fokus auf einer weiteren Verminderung der NO_x-Emission (Zielwert „Bin 5“).

Mit Tier 3 wird eine weitgehende Harmonisierung der Anforderungen (Single National Criteria Pollutant Program, SNCP) mit dem kalifornischen LEV-III-Programm angestrebt. Dabei verfolgt die EPA zusätzlich eigene Ziele, z. B. bezüglich Verdunstungsemissionen, die dann auch in die LEV-III-Gesetzgebung übernommen werden sollen.

Parallel findet auch eine Anpassung der Marktkraftstoffe an die Minderungsziele statt, d. h., deren Spezifikationen werden geändert, um die notwendigen Abgasminderungstechnologien zu ermöglichen. Ein wesentlicher Parameter ist dabei der Schwefelgehalt im Ottokraftstoff, der ab 2006 für das „Reformulated Gasoline“ auf durchschnittlich 30 ppm Schwefel begrenzt wird, für Tier 3 ab 2017 auf durchschnittlich 10 ppm.

Aufgrund des Programms „Renewable Fuel Standard“ (RFS) müssen die Firmen, die Kraftstoffe verkaufen, von 2008 bis 2022 jährlich steigende Anteile an Biokraftstoffen in den Marktkraftstoffen Benzin und Diesel unterbringen. Für Benzin bedeutet dies steigende Ethanolanteile. Die Obergrenze war mit 10 % Volumenanteil Ethanol festgelegt. Da absehbar ist, dass die geforderten Mengen an Biokraftstoffen nicht ohne Änderungen bei den Kraftstoffspezifikationen unterzubringen sind, hat 2010 die EPA für LDV und LDT ab Modelljahr 2001 die Erlaubnis erteilt, Benzin mit max. 15 % Volumenanteil Ethanol an speziell gekennzeichneten Tankstellen zu verkaufen. Dementsprechend wird für Tier 3 Zertifizierungsbenzin mit 15 % Volumenanteil Ethanol (E15) eingeführt. Alternativ kann das Ethanol auch als Sonderbenzin mit max. 85 % Volumenanteil Ethanol (E85) verkauft werden, das nur von „Flexible Fuel Vehicles" (FFV) genutzt werden kann.

Die primären EPA-Emissionsanforderungen betreffen die Schadstoffemissionen im FTP-Zyklus (Federal Test Procedure), gemessen bei einer Temperatur zwischen 20 und 30 °C auf dem Rollenprüfstand. Die Grenzwerte sind auf die Fahrstrecke bezogen in Gramm pro Meile festgelegt. Die EPA-Gesetzgebung legt Grenzwerte fest für:

- Kohlenmonoxid (CO),
- Stickoxide (NO_x),
- organische Gase außer Methan (NMOG),
- Formaldehyd (ab Tier 2),
- Partikelmasse (PM).

Grundsätzlich gelten ab Tier 2 die Grenzwerte unabhängig vom Antriebssystem, d. h. es gelten die gleichen Werte für Otto- und Dieselmotoren mit verschiedenen Kraftstoffen (Benzin, Diesel, Erdgas, Ethanolkraftstoffe). Es gibt aber auch spezielle Anforderungen für einzelne Antriebe und Kraftstoffe, die deren besondere Eigenschaften berücksichtigen. Neben den primären Anforderungen im FTP-Test gibt es weitere Abgasanforderungen der EPA, z. B.:

- CO und NMHC (Kohlenwasserstoffe außer Methan) im FTP-Test bei niedriger Umgebungstemperatur (–7 °C),
- NO_x im Highway-Test,
- CO sowie die Summe von NMHC und NO_x (ab Tier 3 NMOG und NO_x) in den Supplemental Federal Test Procedures (SFTP).

Diese Anforderungen werden z. T. mit Tier 3 im Vergleich zu Tier 2 verschärft. Dies gilt insbesondere für die SFTP-Anforderungen, die damit zusätzlich zum FTP-Test den Einsatz neuer Technologien erfordern.

Phase-in

Die Tier-Programme werden nicht von einem Jahr auf das andere eingeführt, sondern über ein Phase-in, d. h. die schrittweise Einführung der Anforderungen über mehrere Jahre für immer größere Anteile der Neuwagenflotte, z. B. gemäß Tier 2 für 25 %, 50 %, 75 %, 100 % der neu zugelassenen LDV- und LLDT-Fahrzeuge in den Modelljahren 2004, 2005, 2006 bzw. 2007. Für HLDT und MDPV ist das Phase-in im Jahr 2009 beendet. Parallel findet damit ein Phase-out der bisherigen Vorschriften statt. Mit dem Phase-in haben die Hersteller die Möglichkeit, neue Technologien zuerst bei einer kleineren Zahl von Typen und Fahrzeugen einzuführen und Erfahrungen im Feld zu sammeln. Kleine Hersteller müssen neue Vorschriften meist erst zum Ende der Phase-in-Zeitraums erfüllen. Für Tier 3 beginnt das Phase-in 2017, mit sinkenden Flottendurchschnittswerten für NMOG und NO_x bis 2025.

Zertifizierungskategorien

Der Automobilhersteller kann innerhalb der vorgeschriebenen Grenzwerte und unter Einhaltung des Flottendurchschnitts unterschiedliche Fahrzeugkonzepte einsetzen, die nach ihren Emissionswerten für CO-, NMOG- und NO_x-Emissionen im FTP-Test in „Bin" („Behälter") genannte Zertifizierungskategorien eingeteilt sind. In Bild 6 sind die Tier 2 Bins für LDV/LLDT auf der linken Seite dargestellt, zum Vergleich die CARB-LEV-II-Zertifizierungskategorien auf der rechten Seite. Durch die größere Zahl von „Bins" erlaubt Tier 2 den Herstellern mehr Flexibilität bei der Abstimmung ihrer

Fahrzeuge. Gleiche Anforderungen gelten für „Bin 5“ und LEV und für „Bin 2“ und SULEV. Das hier nicht gezeigte „Bin 1“ gilt für Fahrzeuge ohne Abgasemissionen und entspricht damit der Kategorie ZEV.

Ab Tier 3 wird die EPA die gleichen Zertifizierungskategorien wie LEV III übernehmen, wenn auch mit einer eigenen Bezeichnung. Dabei wird es für jede Kategorie zwei Werte geben, nämlich für 150 000 Meilen Dauerhaltbarkeit die gleichen Werte wie für LEV III als optionaler Grenzwert und für 120 000 Meilen Dauerhaltbarkeit strengere Werte als für LEV III.

Eine große Hürde bei der Harmonisierung ist der zu verwendende Zertifizierungskraftstoff. Im April 2013 war noch nicht endgültig geklärt, ob und wie die EPA Zertifizierungen mit dem CARB-E10-Zertifizierungsbenzin akzeptieren wird (und umgekehrt die CARB Zertifizierungen mit EPA-E15).

Dauerhaltbarkeit

Für die Zulassung eines Fahrzeugtyps (Typprüfung) für das Tier-2-Programm muss der Hersteller nachweisen, dass die Emissionen der limitierten Schadstoffe die jeweiligen Grenzwerte im FTP-Test über 50 000 Meilen oder 5 Jahre (im Intermediate Useful Life) und über 120 000 Meilen oder 10 Jahre (im Full Useful Life, für HLDT 11 Jahre, für MDPV 12 Jahre) nicht überschreiten (1 Meile = 1,609 km).

Optional kann der Fahrzeughersteller die Tier-2-Fahrzeuge auch für eine Laufleistung von 150 000 Meilen oder 15 Jahren mit gleichen Grenzwerten wie für 120 000 Meilen zertifizieren. Dann erhält er einen Bonus bei der Bestimmung des NO_x-Flottendurchschnitts.

Für Tier 3 bleibt es bei diesen Dauerhaltbarkeitsanforderungen, da die EPA keine Ermächtigung hat, 150 000 Meilen verbindlich vorzuschreiben. Optional kann jedoch für 150 000 Meilen zertifiziert werden (wie für CARB LEV III).

Flottendurchschnitt

Jeder Fahrzeughersteller muss dafür sorgen, dass die von ihm in den Staaten mit EPA-Gesetzgebung verkauften Fahrzeuge im Durchschnitt einen bestimmten Grenzwert für die Abgasemissionen nicht überschreiten, nämlich den Flottendurchschnitt. Für Tier 2 gilt als Kriterium die NO_x-Emission und der Flottendurchschnitt ergibt sich aus dem Mittelwert der zertifizierten NO_x-Grenzwerte im FTP-Test aller von einem Fahrzeughersteller in einem Jahr verkauften Fahrzeuge.

Der Flottendurchschnittswert für NO_x von 0,07 g pro Meile gilt ab 2007 für LDV und LLDT, ab 2009 für HLDT und MDPV. Der Flottendurchschnittswert entspricht damit der Zertifizierungskategorie „Bin 5“ (siehe Bild 6). Mit dem Flottendurchschnittskonzept (Averaging) wird dem Hersteller Flexibilität eingeräumt: Er kann z. B. alle Fahrzeuge seiner Flotte als „Bin 5“ zertifizieren, er kann aber auch einen Teil seiner Fahrzeuge in einem höheren Bin, z. B. „Bin 7“, zertifizieren und dies durch andere Fahrzeuge ausgleichen, die in einem niedrigeren Bin, z. B. in „Bin 3“, zertifiziert sind.

Um den Herstellern mehr Flexibilität bei der Einhaltung der Modelljahr-bezogenen Flottenanforderungen zu geben, können diese für die Übererfüllung des geforderten Flottendurchschnittswertes „Credits“ erwerben. Diese können zum Ausgleich von „Debits“ verwendet werden, die anfallen, wenn der geforderte Durchschnitt in einem Jahr nicht erreicht wird. Mit den Credits können also Debits über mehrere Jahre hinweg (durch Banking) ausgeglichen werden. Grundsätzlich können Credits auch an andere Hersteller verkauft werden.

6 Emissionsgrenzwerte gemäß EPA und CARB für Pkw und leichte Nfz über 120 000 Meilen

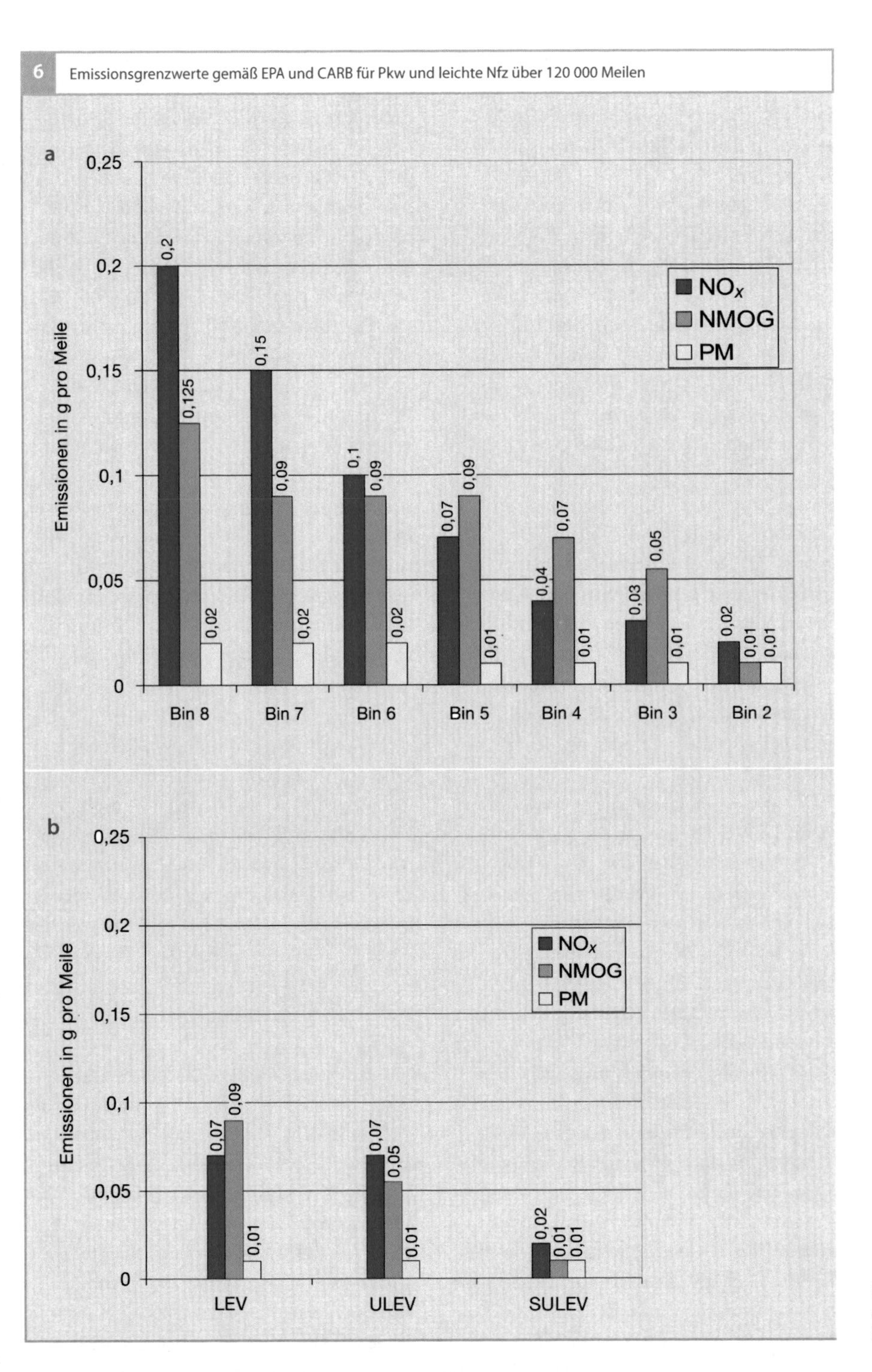

Bild 6
a) Tier-2-Bins
b) LEV-II-Kategorien

Mit Tier 3 übernimmt die EPA den gleichen FTP-Flottendurchschnitt für NMOG und NO_x und das gleiche schrittweise Absenken im Zeitraum 2017–2025 wie im LEV-III-Programm.

Ein weiterer Flottendurchschnittswert gilt für NMHC-Emissionen im FTP-Test bei niedriger Umgebungstemperatur (–7 °C). Dieser so genannte 50-Staaten-Grenzwert) mit einem Wert von 0,30 g pro Meile für LDV und LLDT und 0,50 g pro Meile für HLDT gilt für alle in den USA zugelassenen Fahrzeuge, mit einem Phase-in in den Jahren 2010 bis 2013 zu 25, 50, 75 und 100 %.

Verdunstungsemissionen

In der EPA-Tier-2-Gesetzgebung gelten für die Begrenzung der Verdunstungsemissionen nahezu die identischen Prüfvorschriften wie in der CARB-LEV-II-Gesetzgebung. Für die verschiedenen Prüfungen sind etwas andere Temperaturen vorgeschrieben und es muss EPA-Zertifizierungskraftstoff verwendet werden.

Die Tier-2-Grenzwerte liegen etwas höher als die LEV-II-Grenzwerte (Angaben für LDV), nämlich für den Test „Three Day Diurnal + Hot Soak" bei 0,95 g HC pro Test und für den Test „Two Day Diurnal + Hot Soak" bei 0,65 g HC pro Test. Der „Running-Loss-Grenzwert" ist gleich mit 0,05 g HC pro Meile. Die Zahlenangaben beziehen sich dabei auf LDV. Die Grenzwerte müssen über 150 000 Meilen oder 15 Jahre eingehalten werden. Ab Modelljahr 2009 erlaubt die EPA alternativ die Zertifizierung nach CARB-Grenzwerten und -Vorschriften (bezüglich Ablauf und Kraftstoff).

Auch für die Verdunstungsemissionen wird mit Tier 3 eine Harmonisierung mit LEV-III-Grenzwerten und -Vorschriften angestrebt. Dabei übernimmt die EPA die Verfahren und Grenzwerte aus der ZEV-Gesetzgebung nur während des Phase-in 2017 bis 2019, danach sollen nur noch der BETP-Test und der dazu gehörige SHED-Test gelten. Die EPA sieht für Tier 3 als weiteren Test den „Leak Detection Test" vor, mit dem das Alterungsverhalten des kraftstoffdampfführenden Systems mittels einer Druckprüfung auf Lecks überprüft werden soll. Ziel ist die Überprüfung von Fahrzeugen im Feld (In-Use-Compliance, Feldüberwachung im Rahmen der Typzulassung wird nur überprüft, ob dieser Test mit dem Fahrzeugtyp durchführbar ist. Es wird erwartet, dass die CARB diesen Test in die LEV-III-Vorschriften aufnehmen wird.

Eine große Hürde bei der Harmonisierung ist auch hier der zu verwendende Zertifizierungskraftstoff. Im April 2013 war noch nicht endgültig geklärt, ob und wie die EPA Zertifizierungen mit dem CARB-E10-Zertifizierungsbenzin akzeptieren wird (und umgekehrt die CARB Zertifizierungen mit EPA-E15).

Weitere Prüfungen sind der „Refueling Emission Test" (On-Board Refueling Vapor Recovery ORVR), bei dem die verdrängten Kraftstoffdämpfe beim Betanken erfasst werden, und der „Spitback Test", mit dem die verspritze Kraftstoffmenge pro Tankvorgang gemessen wird. Diese Tests gelten in gleicher Form für CARB- und EPA-Zertifizierungen.

Kraftstoffverbrauch und Treibhausgasemissionen

Seit der ersten Ölkrise 1975 gibt es in den USA Vorschriften zur Begrenzung des Kraftstoffverbrauchs von Pkw und leichten Nfz. Zuständig für die „Corporate Average Fuel Economy" (CAFE) ist die „US National Highway and Safety Administration" (NHTSA). Gemäß CAFE werden Zielwerte in Meilen pro Gallone Benzin (mpg) für die Flotte an verkauften Neuwagen eines Herstellers in einem Jahr festgelegt, es werden jedoch keine Fahrzeugtyp-bezogenen Grenzwerte vorgeschrieben. Es gibt separate Zielwerte für Pkw (Passenger Cars) und für leichte Nfz (Light Trucks, neben klassischen Lieferwagen auch die in den USA stark verbreiteten Pick-up Trucks). Bei Nichteinhaltung werden Strafzahlungen in Abhängigkeit von der Höhe der Überschreitung fällig. Wie bei den oben beschriebenen Flottenwerten für NO_x oder für NMOG und NO_x haben auch bei CAFE-Zielwerten die Hersteller die Möglichkeit, bei Übererfüllung der Ziele Credits zu erwerben und mit diesen Debits aus anderen Modelljahren auszugleichen. Der Kraftstoffverbrauch als Fuel Economy *FE* in mpg wird im FTP-Test und im Highway-Test bestimmt und als ein gewichteter Wert angegeben:

$$FE = \frac{1}{\frac{0{,}55}{FE_{\mathrm{FTP}}} + \frac{0{,}45}{FE_{\mathrm{HT}}}},$$

wobei FE_{FTP} den im FTP-Test und FE_{HT} den im Highway-Test ermittelten Wert bezeichnet. Für Fahrzeuge, die besonders viel Kraftstoff verbrauchen (Gas Guzzler, Spritsäufer), bezahlt der Käufer eine verbrauchsabhängige Strafsteuer. Bis 2010 waren die Flottenzielwerte für alle Hersteller gleich, dann wurde das System auf eine neue Berechnungsgrundlage umgestellt. Die Zielwerte sind jetzt herstellerspezifisch und hängen vom „Footprint", der Grundfläche des Fahrzeugs zwischen den Rädern, ab. In drei Gesetzgebungsstufen wurden jährlich steigende Zielwerte (als Kurven für die Fuel Economy als Funktion des Footprints) für die Jahre 2011, 2012 bis 2016 und 2017 bis 2025 festgelegt.

Für die Jahre 2012 bis 2016 und 2017 bis 2025 gilt parallel eine abgestimmte Vorschrift der EPA für die Begrenzung der Treibhausgasemissionen (THG). Darin wird nicht nur die CO_2-Emission im FTP- und Highway-Test berücksichtigt, sondern auch die Emissionen von Methan und Lachgas (N_2O) sowie die Emissionen von Klimaanlagen. Mit den Vorgaben für Klimaanlagen sollen die Hersteller motiviert werden, effizientere Klimaanlagen zu bauen (geringere CO_2-Emission im Betrieb), die auch geringere direkte Emissionen von Kühlmittel durch Leckage aufweisen. Die Treibhausgas-Zielwerte unterscheiden sich daher quantitativ

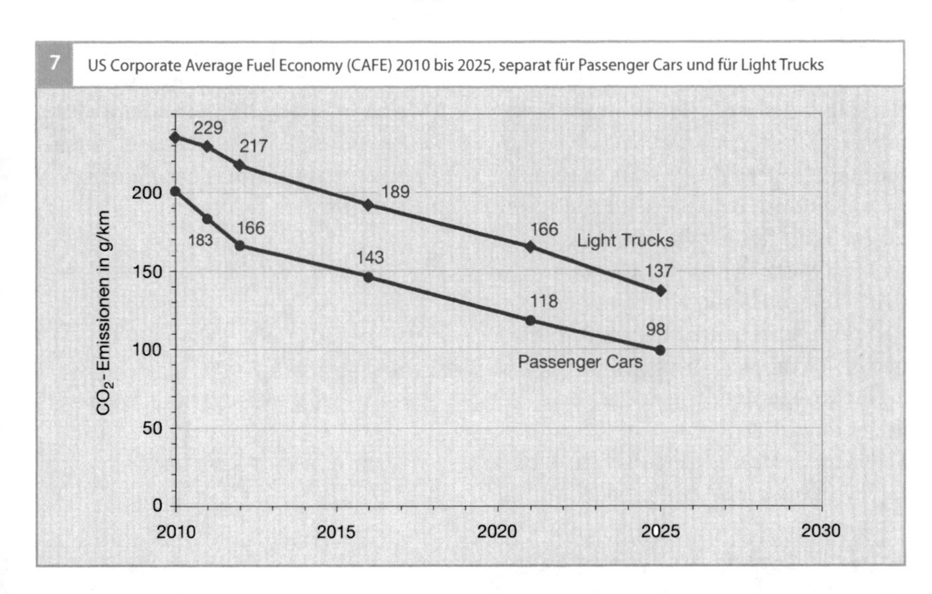

Bild 7
Zwischen den festgelegten Punkten werden die Zielwerte linear interpoliert.

von den CAFE-Zielen (umgerechnet in CO_2-Äquivalente), da letztere nur die CO_2-Emissionen im Test ohne Klimaanlage auf dem Rollenprüfstand berücksichtigen.

Die Behörden erwarten bei Erfüllung dieser Vorschriften einen durchschnittlichen CAFE-Verbrauch der kombinierten Neuwagenflotte von Pkw und leichten Nfz im Jahr 2016 von 34,5 mpg (dies entspricht etwa 258 g CO_2 pro Meile und etwa 160 g CO_2 pro km), die EPA-Zielwerte für die Treibhausgasemission sind 250 g CO_2 pro Meile (dies entspricht etwa 35,5 mpg). Für 2025 sind dies 49,7 mpg (dies entspricht etwa 179 g CO_2 pro Meile und etwa 111 g CO_2 pro km) für den CAFE-Verbrauch und 163 g CO_2 pro Meile (dies entspricht etwa 54,5 mpg) für die Treibhausgasemissionen. Bild 7 zeigt die Zielwerte separat für die Passenger-Car- und die Light-Truck-Flotten. Aufgrund der unterschiedlichen Prüfmethoden und Flottenzusammensetzungen ist ein direkter Vergleich zwischen US- und EU-Zielwerten nicht möglich.

Ähnlich wie in der EU gibt es diverse Sonderregelungen, u. a. für kleinere Hersteller, für „Öko-Innovationen“ (als „Off-Cycle Credits“), für die Förderung alternativer Kraftstoffe (z. B. E85 für Flexfuel-Fahrzeuge) und von Plug-in-Hybriden (PHEV) sowie Elektrofahrzeugen. Zur Information der Verbraucher müssen in den USA Verbrauchskennwerte über einen Aufkleber am Neufahrzeug mitgeteilt werden. Für die Berechnung dieser Label-Werte werden neben den im CAFE-Test ermittelten Werte zusätzlich Verbrauchswerte in den SFTP-Zyklen und im FTP-Test bei –7 °C herangezogen und daraus ein Stadtverbrauch und ein Autobahnverbrauch berechnet. Die so ermittelten Verbrauchswerte sind deutlich realistischer als die nur mit der CAFE-Methode bestimmten Werte.

Japan

In Japan werden (ähnlich wie in der EU) die zulässigen Emissionen stufenweise herabgesetzt. Im Rahmen der „New Long Term Standards“ wurden neue Grenzwerte festgelegt, die ab 2005 gelten. Dabei wurden schrittweise die alten Testzyklen durch den neuen JC08-Zyklus ersetzt, die Grenzwerte blieben dabei nominell gleich. Die Dauerhaltbarkeit beträgt für alle Stufen 80 000 km. Die Schadstoffemissionen wurden bis 2007 in einer Kombination von 11-Mode- und 10–15-Mode-Testzyklen ermittelt. Der 11-Mode wurde kalt gestartet, d. h., die Kaltstartemissionen wurden berücksichtigt. Ab 2008 wurde der 11-Mode durch den JC08-Zyklus ersetzt (als Kaltstart), ab 2011 auch der 10–15-Mode (durch den JC08 als Heißstart).

Die Fahrzeuge mit einem zulässigen Gesamtgewicht bis 3,5 t sind in drei Klassen unterteilt: Personenkraftwagen (Pkw, bis 10 Sitzplätze) sowie leichte und mittelschwere Nutzfahrzeuge (Light-Duty Vehicles bis 1,7 t und Medium-Duty Vehicles bis 3,5 t). Für leichte und mittelschwere Nutzfahrzeuge gelten gegenüber Personenkraftwagen höhere Grenzwerte für CO- und NO_x -Emissionen. Als Unterkategorie für Pkw und leichte Nutzfahrzeuge gibt es die „Kei-Cars“, für die besondere Bauvorschriften und Leistungsvorgaben gelten.

Abgasgrenzwerte

Die japanische Gesetzgebung legt Grenzwerte für folgende Schadstoffe fest:

- Kohlenmonoxid (CO) auf 1,15 g/km,
- Stickoxide (NO_x) auf 0,05 g/km,
- Kohlenwasserstoffe außer Methan (NMHC) auf 0,05 g/km,
- Partikelmasse auf 0,005 g/km für Diesel und ab Oktober 2009 für Ottomotorfahrzeuge mit Direkteinspritzung und NO_x-Speicherkatalysator, auf 0,007 g/km für Fahrzeuge mit einem zulässigen Gesamtgewicht über 1 700 kg.

Hersteller können Fahrzeuge auch nach niedrigeren Abgasstandards zertifizieren, nämlich als japanisches ULEV mit 50 % niedrigeren Grenzwerten oder als japanisches SULEV mit 75 % niedrigeren Grenzwerten. Käufer solcher Fahrzeuge erhalten steuerliche Nachlässe beim Kauf und bei der jährlichen Kfz-Steuer.

Verdunstungsemissionen

In Japan werden die Verdunstungsemissionen von Ottomotorfahrzeugen begrenzt. Sie werden mit der SHED-Methode und einem ähnlichen Prüfablauf wie in der EU-Gesetzgebung bestimmt. Der Grenzwert beträgt 2,0 g pro Test für die Summe der Emissionen im Heißabstelltest und im Tankatmungstest. Dabei wurde zur Konditionierung bis 2010 der 11-Mode und der 10–15-Mode verwendet, ab 2011 der JC08-Zyklus, bevor das Fahrzeug in die SHED-Kammer kommt.

Kraftstoffverbrauch

In Japan wurden Maßnahmen zur Reduzierung des Kraftstoffverbrauchs in den 1970er-Jahren eingeführt. Für die Festlegung zukünftiger Anforderungen wird seit 1998 der Top-Runner-Ansatz verfolgt: Die Zielwerte für den nächsten Zeitraum werden auf Basis der besten im Markt verfügbaren Fahrzeuge bestimmt. Es wurden bisher Zielwerte für Pkw und LDV für 2010 (auf Basis des 10–15-Mode) und für 2015 (auf Basis des JC08) festgelegt. Die Vorschriften legen Zielwerte für die Kraftstoffverbrauchseffizienz in km/*l* gestaffelt nach Gewichtsklassen (Gesamtfahrzeuggewicht) fest. Hält ein Hersteller seine Zielvorgabe nicht ein, werden Strafzahlungen fällig.

Für Pkw gibt es 2020 eine weitere Stufe, für die (ähnlich wie in der EU) ein herstellerspezifischer Flottenmittelwert (Corporate Average Fuel Efficiency) gilt, basierend auf Gewichtsklassenzielen. Für die japanische neue Pkw-Flotte soll 2015 ein Wert von 16,8 km pro *l* Benzin (dies entspricht 138 g CO_2 pro km) erreicht werden, 2020 ein Wert von 20,3 km pro *l* Benzin (dies entspricht 114 g CO_2 pro km).

Käufer von Fahrzeugen mit deutlich (15 % oder 25 %) höherer Effizienz als die gesetzlichen Mindeststandards erhalten steuerliche Nachlässe. Fahrzeuge müssen mit einem Aufkleber mit Daten zum Kraftstoffverbrauch gekennzeichnet werden.

Japan als einer der Initiatoren und Treiber des UN/ECE-WLTP-Programms wird längerfristig (voraussichtlich nach 2020) die eigenen Testvorschriften aufgeben und die UN/ECE-Regelung für den WLTP übernehmen, sowohl für die Kraftstoffverbrauchsbestimmung als auch für die Schadstoffemissionen.

Weitere Länder

Brasilien

Brasilien ist das einzige Land, in dem flächendeckend nur Ottokraftstoffe mit hohen Ethanolgehalten verkauft werden. Ethanol wird in Brasilien aus Zuckerrohr hergestellt und dem Benzin entweder wasserfrei zu etwa 22 Volumenprozent (E22) zugesetzt oder als Ethanolkraftstoff (E100) mit 7 Volumenprozent Wasser verkauft. Neben Ottomotorfahrzeugen für E22 oder E100 kommen immer mehr Flexible Fuel Vehicles (FFV) auf den Markt, die mit beiden Kraftstoffen (Ethanol und Benzin) und beliebigen Mischungen dazwischen fahren können.

Die brasilianische Abgasgesetzgebung beruht auf den US-Vorschriften (z. B. bezüglich Testzyklus und Messvorschriften), wurde aber an die speziellen Randbedingungen angepasst. Die aktuellen Stufen der Abgasgesetzgebung (Program for the Control of Air Pollution by Motor Vehicles) sind PROCONVE L5 2009 und PROCONVE L6 2014/2015. Die Dauerhaltbarkeit beträgt für alle Stufen 80 000 km oder 5 Jahre.

Für PROCONVE L6 gelten folgende Abgasgrenzwerte für Pkw: NMHC 0,06 g/km, CO 1,3 g/km, NO_x 0,08 g/km und Aldehyde 0,02 g/km für Ottokraftstoffe mit Ethanolanteil. Die Schadstoffemissionen werden im FTP75 ermittelt und beinhalten die Kaltstartemissionen. Die Dauerhaltbarkeitsanforderung beträgt 80 000 km oder 5 Jahre. Für den Betrieb werden auch die Verdunstungsemissionen begrenzt, die mit der SHED-Methode bestimmt werden (60 Minuten Heißabstelltest und 60 Minuten Tankatmungstest). Der Grenzwert beträgt 2,0 g pro Test, ab 2012 beträgt er 1,5 g pro Test.

Brasilien hat in zwei Stufen OBD-Anforderungen eingeführt. Die erste Stufe 2009 erforderte nur elektrische Diagnosen, die zweite Stufe ab 2011 orientiert sich an der EOBD, ist aber an die Kraftstoffe mit Ethanolanteil angepasst.

Brasilien hat keine verbindlichen Anforderungen zur Kraftstoffverbrauchsbegrenzung, sondern verknüpft Steuervorteile für die Hersteller im Programm INOVAR AUTO (Programa de Incentivo à Inovação Tecnológica e Adensamento Da Cadeia Produtiva de Veículos Automotores) mit der Erreichung von Flottenzielen für die Energieeffizienz von Pkw bis 2017. Weiterhin müssen für Pkw ab Stufe L6 Verbrauchswerte ermittelt und für die Kennzeichnung zur Verbraucherinformation verwendet werden.

Russische Föderation

Die russische Föderation übernimmt für Pkw und leichte Nutzfahrzeuge komplett die EU-Emissions- und OBD-Gesetzgebung, in dem die ECE-R83-Vorschriften in russisches Recht übertragen werden. Die Stufe EU III wurde 2008 eingeführt, EU IV 2010 für neue Typen (2012 für alle Typen). Die Einführung der Stufe EU 5 (d. h. alle Anforderungen EU 5a/b und EOBD 5/5+) ist 2014 für neue Typen, 2015 für alle Typen vorgesehen. Die russische Föderation hat keine Anforderungen zur Kraftstoffverbrauchsbegrenzung.

Indien

In Indien basiert die Emissionsgesetzgebung für Pkw und leichte Nutzfahrzeuge auf der EU-Gesetzgebung, angepasst an die Randbedingungen des indischen Marktes. Hauptunterschiede sind die Verwendung eines modifizierten NEFZ, dessen Maximalgeschwindigkeit auf 90 km/h begrenzt ist, sowie der Wegfall der Abgasemissionsanforderung bei –7 °C. Weiterhin hat Indien die Klassifizierung der EU-II-Gesetzgebung beibehalten, mit der schwerere Pkw (über 2,5 t Gesamtgewicht oder mehr als 6 Sitze) als leichtes Nfz zertifiziert werden können.

Die EU-Stufen werden als „Bharat-Stufen" umgesetzt, zuerst in den großen Metropolen, später im Rest des Landes. Bharat IV wurde 2010 für 13 Metropolen eingeführt (Bharat III für den Rest Indiens). Mit Bharat IV wurde auch die OBD in zwei Stufen eingeführt: eine indische OBD I (mit elektrischen Diagnosen) ab 2010, die EOBD ab 2013. Konkrete Pläne für die Einführung von EU 5 gibt es noch nicht.

Indien beteiligt sich aktiv am WLTP-Prozess und drängt auf Regelungen, die die speziellen Fahrzeuge mit einem sehr niedrigem Motorleistungs-Masse-Verhältnis in Indien berücksichtigen. Anforderungen zur Kraftstoffverbrauchsbegrenzung wurden 2012 vorgeschlagen und seitdem diskutiert.

China

Die Volksrepublik China übernimmt für Pkw und leichte Nutzfahrzeuge nahezu komplett die EU-Emissions- und OBD-Gesetzgebung. Der Hauptunterschied ist die Klassifizierung von schweren Pkw (über 2,5 t Gesamtgewicht oder mehr als 6 Sitze) als leichte Nfz (wie in der EU-II-Gesetzgebung). Die Gesetzgebung wird national verabschiedet, einzelne Regionen können diese aber vorzeitig teilweise oder ganz umsetzen. Die Stufe EU IV (inkl. EOBD) wurde 2008 in Beijing und 2009 Shanghai eingeführt, national 2010. EU 5 wird in Beijing 2013 eingeführt, national 2016. Zusätzlich hinzu gekommen sind Anforderungen zur Überprüfung der Serienproduktion, ob tatsächlich die zertifizierten Katalysatoren und Aktivkohlefallen verbaut werden. Da China keine signifikanten Ethanolanteile im Benzin erlaubt, enthält auch das Benzin für die Zertifizierung kein Ethanol.

Anforderungen zum Kraftstoffverbrauch wurden in zwei Stufen 2005 und 2008 eingeführt, gestaffelt nach Fahrzeuggewicht, mit dem Ziel, die ineffizientesten Fahrzeuge vom Markt zu verdrängen. Eine weitere zusätzliche Stufe (Corporate Average Fuel Consumption CAFC) für Pkw, die sich stark an der Systematik der CO_2-Flottenvorschrift der EU orientiert, wird 2012 bis 2015 mit jährlich steigenden Anforderungen eingeführt. Zielwert für die neue Pkw-Flotte für 2015 ist 6,9 Liter Benzin auf 100 km (dies entspricht etwa 164 g CO_2 pro km). Ein weitere Stufe für 2020 mit einem Zielwert von 5,0 Liter Benzin auf 100 km (dies entspricht etwa 119 g CO_2 pro km) ist in der Diskussion. Fahrzeuge müssen durch einen Aufkleber mit Daten zum Kraftstoffverbrauch gekennzeichnet werden.

Südkorea

Südkorea hat in der Vergangenheit für Pkw und leichte Nutzfahrzeuge mit Ottomotor-Anforderungen auf Basis der Vorschriften US EPA Tier I und der CARB LEV I (inkl. OBD) eingeführt. Dabei sind u. a. die Fahrzeugkategorien an die Randbedingungen in Korea angepasst worden, z. B. gibt es so genannte „Minicars" mit Hubräumen unter 0,8 *l*. Abgasemissionsgrenzwerte werden in g/km angegeben und basieren auf FTP-Messungen mit vereinfachten Prüfvorschriften.

Für den Test bei Umgebungstemperatur gibt es Grenzwerte für CO, NO_x und NMOG, für den Test bei –7 °C nur für CO. 2009 bis 2012 gab es ein Phase-in für stark an den CARB-LEV-II-Vorschriften orientierten Anforderungen, mit den nahezu identischen Emissionskategorien LEV, ULEV und SULEV und einem von 2009 bis 2015 abnehmenden NMOG-Flottendurchschnittswert (NMOG Fleet Average System FAS). Die Dauerhaltbarkeit wurde von 160 000 km auf 192 000 km erhöht.

Für Verdunstungsemissionen gilt ab 2009 ebenfalls ein von der CARB-LEV-II-Testvorschrift abgeleiteter Ablauf mit Heißabstell- und Tankatmungstest. Es gibt jedoch nur einen 24-h-Test und keinen Running-Loss-Grenzwert. Der Grenzwert beträgt 2,0 g HC pro Test.

Anforderungen zur Kraftstoffverbrauchsbegrenzung als Corporate Average Fuel Economy (CAFE) basieren auf dem CAFE-System der USA. Die erste Stufe galt für die Jahre 2006 bis 2011, die zweite Stufe für 2012 bis 2015. Zielwert für die Pkw-Neuwagenflotte 2015 ist 17 km pro Liter Benzin, das entspricht etwa 140 g CO_2 pro km, bestimmt im FTP75- und Highway-Test. Der herstellerspezifische Zielwert basiert auf dem durchschnittlichen Leergewicht seiner Pkw-Flotte. Eine weitere Stufe ist für 2016 bis 2025 geplant. Fahrzeuge müssen mit einem Aufkleber mit Daten zum Kraftstoffverbrauch gekennzeichnet werden.

Ausblick auf weitere Länder

Immer weniger Länder orientieren sich bei der Emissions-Gesetzgebung an den USA, da die CARB- und EPA-Anforderungen von Umfang, Strenge und administrativem Aufwand sehr groß sind. Die meisten Länder übernehmen die EU-Vorschriften in Form der UN/ECE-Regelungen R83 für Emissionen sowie OBD und R101 für die Kraftstoffverbrauchsmessung. Dazu gehören u. a. Argentinien, Australien, Südafrika, Thailand und Vietnam.

Testzyklen

EU-Zyklus

Der modifizierte neue europäische Fahrzyklus (MNEFZ) wird seit Einführung von EU III angewandt. Im Gegensatz zum vorherigen neuen europäischen Fahrzyklus, der erst 40 Sekunden nach Start des Fahrzeugs einsetzte, bezieht der MNEFZ auch die Kaltstartphase einschließlich Motorstart ein. Heute wird vielfach statt MNEFZ die Abkürzung NEFZ verwendet.

Der Zyklus besteht aus zwei Teilen, nämlich dem innerstädtischen Teil (UDC, Urban Driving Cycle) mit maximal 50 km/h, bestehend aus vier gleichen ECE-Teilen und dem außerstädtischen Teil (EUDC, Extra Urban Driving Cycle) mit einer maximalen Geschwindigkeit von 120 km/h (Bild 8).

Das Abgas wird für den Typ-I-Test für die zwei Teile separat in Beuteln gesammelt. Die durch die Analyse des Beutelinhalts ermittelten Schadstoffmassen werden auf die auf dem Rollenprüfstand gemessene Wegstrecke bezogen und in g/km angegeben. Für den Typ-I-Test wird das Fahrzeug bei 20–30 °C für 6 bis 12 Stunden konditioniert und anschließend der NEFZ als Kaltstart-

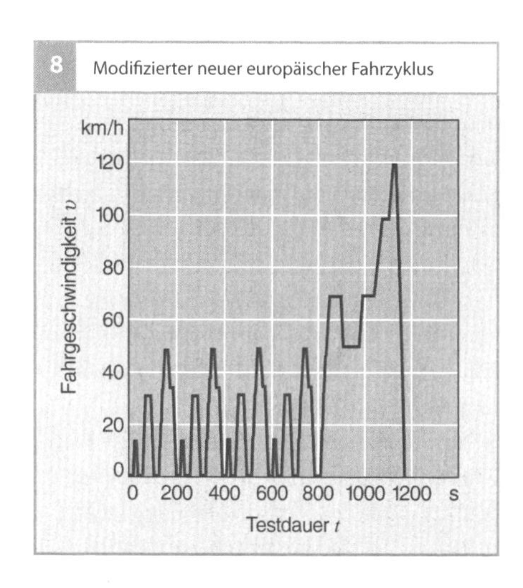

Bild 8
Zykluslänge: 11 km,
Zyklusdauer: 1 180 s
mittlere Geschwindigkeit: 33,6 km/h,
maximale Geschwindigkeit: 120 km/h.

9 US-Testzyklen für Pkw und leichte Nfz

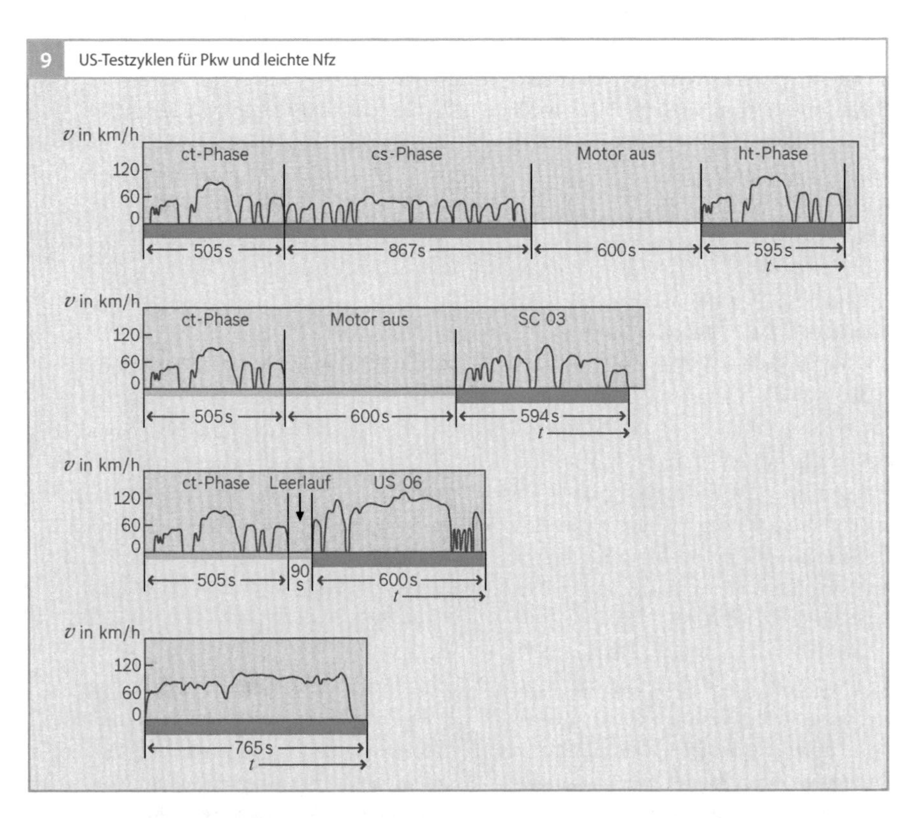

Bild 9
Siehe hierzu auch **Tabelle** 2.
ct Kaltstart- und Übungsphase,
cs stabilisierte Phase,
ht Heißstart- und Übergangsphase,
v Fahrgeschwindigkeit,
t Zeit.

Testzyklus	FTP 75 (Bild 9a)	SC 03 (Bild 9b)	US 06 (Bild 9c)	Highway (Bild 9d)
Zykluslänge	17,87 km	5,76 km	12,87 km	16,44 km
Zyklusdauer	1877 s Betrieb und 600 s Pause	594 s	600 s	765 s
Mittlere Zyklusgeschwindigkeit	34,1 km/h	34,9 km/h	77,3 km/h	77,4 km/h
Maximale Zyklusgeschwindigkeit	91,2 km/h	88,2 km/h	129,2 km/h	94,4 km/h

Tabelle 2
Kennwerte der US-Textzyklen für Pkw und leichte Nfz

test gefahren. Der NEFZ soll durch den WLTC ersetzt werden.

US-Zyklen

Die Zyklen FTP 72 und FTP 75

Die Fahrkurve des Testzyklus FTP 72 (Federal Test Procedure) setzt sich aus Geschwindigkeitsverläufen zusammen, die in Los Angeles 1972 während des Berufsverkehrs gemessen wurden. Der Zyklus besteht aus zwei Teilen (Phasen), die direkt hintereinander gefahren werden, nämlich

- cold transient (ct): Kaltstart- und Übergangsphase,
- cold stabilized (cs): stabilisierte Phase.

1975 wurde der FTP 72 auf den FTP 75 erweitert, indem nach einer Stopp-Phase von 10 Minuten (mit abgestelltem Motor) ein zweiter FTP 72 angehängt wurde. Da diesmal mit heißem Motor gestartet wird (im Deutschen als Warmstart bezeichnet), heißen die beiden Phasen:

- hot transient (ht),
- hot stabilized (hs).

Für Verbrennungsmotorfahrzeuge hat sich gezeigt, dass die Emissionen in der hs-Phase gleich oder kleiner sind als die Emissionen in der cs-Phase, so dass zur Vereinfachung nur die ersten drei Phasen des FTP 75 gefahren werden müssen (Bild 9a, Tabelle 2). Die gemessenen Werte für die cs-Phase werden in den Berechnungen auch für die hs-Phase verwendet. Für Hybridfahrzeuge gilt diese Regelung nicht, hier müssen alle vier Phasen gefahren werden.

Das Abgas wird für den Testzyklus FTP 75 für die drei bzw. vier Phasen separat in Beuteln gesammelt. Die durch die Analyse des Beutelinhalts ermittelten Schadstoffmassen werden auf die auf dem Rollenprüfstand gemessene Wegstrecke bezogen und in Gramm pro Meile angegeben.

Für das Gesamtergebnis werden die Emissionen der drei bzw. vier Phasen mit unterschiedlicher Gewichtung berücksichtigt. Die Schadstoffmassen der Phasen ct und cs werden aufsummiert und auf die gesamte Fahrstrecke dieser beiden Phasen bezogen. Das Ergebnis wird mit dem Faktor 0,43 gewichtet.

Desgleichen werden die aufsummierten Schadstoffmassen der Phasen ht und cs (für Hybride ht und hs) auf die gesamte Fahrstrecke dieser beiden Phasen bezogen und mit dem Faktor 0,57 gewichtet. Das Testergebnis für die einzelnen Schadstoffe (NMHC, NMOG, CO, NO_x etc.) ergibt sich aus der Summe dieser beiden Teilergebnisse.

Für den FTP-Test bei normaler Umgebungstemperatur wird das Fahrzeug bei 20–30 °C für 6 bis maximal 36 Stunden konditioniert.

Ein sehr ähnliches Profil wie der FTP75 hat der California Unified Cycle (UC), der für die CARB-OBD-Anforderungen alternativ verwendet werden kann. Der UC ist auch als Unified Cycle Driving Schedule (UCDS) oder LA 92 bekannt.

SFTP-Zyklen

Die Prüfungen nach dem SFTP-Standard (Supplemental Federal Test Procedure) wurden ab 2001 eingeführt. Neben dem FTP 75 werden zwei weitere Zyklen verwendet:

- der Fahrzyklus SC 03 (Bild 9b, Tabelle 2) als Air Conditioning Test Cycle,
- der Fahrzyklus US 06 (Bild 9c, Tabelle 2) als High Speed High Load Cycle.

Mit dem US 06 sollen die folgenden, im FTP 75 unterrepräsentierten Fahrzustände berücksichtigt werden: aggressives Fahren mit hohen Geschwindigkeiten und Beschleunigungen, schnelle Geschwindigkeitsänderungen sowie hohe Beschleunigung und Geschwindigkeit nach dem Motorstart. Der SC 03 wird (nur für Fahrzeuge mit Klimaanlage) bei 35 °C und 40 % relativer Luftfeuchte gefahren, mit ihm soll die zusätzliche Last durch den Betrieb der Klimaanlage berücksichtigt werden. Beide Zyklen werden als Warmstarttest gefahren, d. h., nach der Vorkonditionierung wird die ct-Phase des FTP (ohne Messung der Abgasemissionen) gefahren und dann nach 1–2 min Leerlauf der US 06 bzw. nach 10 min Stopp-Phase der SC 03. Es sind aber auch andere Konditionierungen möglich.

Für den SFTP-Standard werden neben den Ergebnissen in den Testzyklen SC 03 und US 06 auch die Emissionen im FTP 75 berücksichtigt (für hybridisierte Fahrzeuge der vier Phasen im FTP). Die einzelnen

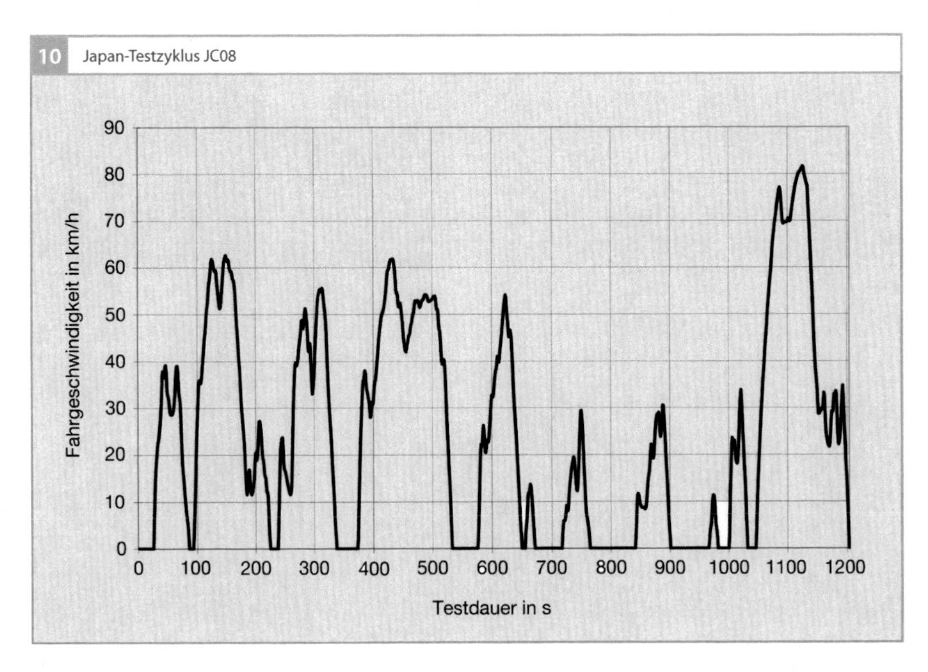

Bild 10
Zykluslänge: 8,171 km
Zyklusdauer: 1 204 s
mittlere Geschwindigkeit: 24,4 km/h
maximale Geschwindigkeit: 81,6 km/h

Fahrzyklen werden dabei bezüglich der Emissionen folgendermaßen gewichtet: für Fahrzeuge mit Klimaanlage der FTP 35 mit 35 %, der SC 03 mit 37 % und der US 06 mit 28 %; für Fahrzeuge ohne Klimaanlage der FTP 35 mit 72 % und der US 06 mit 28 %.

Highway-Zyklus

Der Highway-Testzyklus (Bild 9d, Tabelle 2) von 1975 soll das Fahren unter typischen US-Autobahn-Bedingungen darstellen. Nach der Vorkonditionierung im FTP 75 wird der Zyklus einmal als Kaltstart ohne Messung der Abgasemissionen gefahren, dann nach 15 Sekunden Leerlauf als Warmstart zur Messung der Abgasemissionen.

Für den „Running-Loss-Test" gibt es als weiteren Zyklus den New York City Cycle (ohne Abbildung).

Japan-Zyklen

Japan hat wie die EU die Emissionsgesetzgebung mit synthetischen Testzyklen begonnen, die als 11-Mode-Zyklus und als 10–15-Mode bezeichnet wurden. Ab 2008 wurde mit dem JC08 ein neuer Testzyklus eingeführt, der ähnlich wie der FTP 72 auf der Basis von realen Straßenfahrten erstellt wurde. Der JC08 ersetzte zunächst als Kaltstarttest den 11-Mode-Zyklus, ab 2011 auch den 10–15-Mode-Zyklus als Heißstarttest (siehe Bild 10).

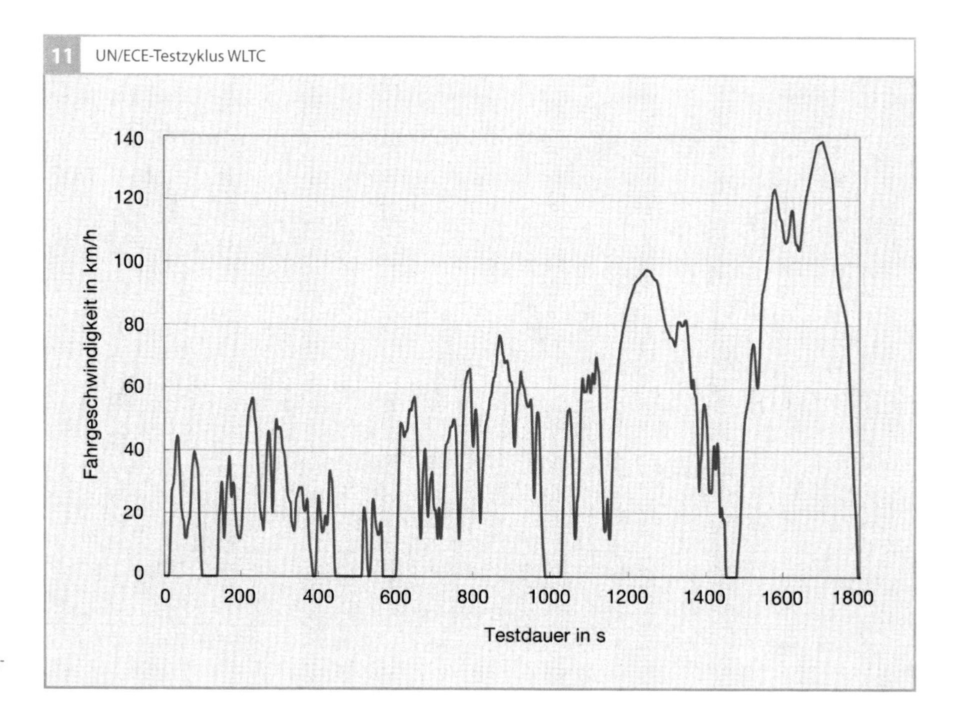

Bild 11
Zykluslänge: 23,27 km
Zyklusdauer: 1 800 s
mittlere Geschwindigkeit: 46,5 km/h
maximale Geschwindigkeit: 131,3 km/h

Weltweit harmonisierte Testzyklen

Im Rahmen der UN/ECE wurden in den vergangenen Jahren weltweit harmonisierte Testzyklen und -prozeduren für die Emissionszertifizierung von Pkw und leichte Nfz erarbeitet. Der Worldwide Harmonized Light Vehicles Test Cycle (WLTC, siehe Bild 11) besteht aus vier Phasen (Low, Mid, High und Extra High Speed) und wird durch die Worldwide Harmonized Light Vehicles Test Procedures (WLTP) komplettiert. Bei der Umsetzung in die nationale Gesetzgebung bleibt es den Staaten und Regionen vorbehalten, ob alle vier Phasen oder nur die ersten drei zur Anwendung kommen.

Neben dem Hauptzyklus für Fahrzeuge mit einer Höchstgeschwindigkeit von mehr als 120 km/h wurden für spezielle Fahrzeugsegmente weitere Zyklen entwickelt, nämlich für die japanischen „Kei-Cars" eine abgeschwächte Variante des WLTC und für den indischen Markt zwei Zyklen für Fahrzeuge mit einem sehr niedrigen Motorleistungs-Masse-Verhältnis (Low Powered Vehicle Test Cycles LPTC).

Der WLTC wird als Kaltstart bei einer Temperatur von 23 °C ± 3 °C gefahren. Das Abgas wird für die drei bzw. vier Teile separat in Beuteln gesammelt. Die durch die Analyse des Beutelinhalts ermittelten Schadstoffmassen werden auf die auf dem Rollenprüfstand gemessene Wegstrecke bezogen und in g/km angegeben.

Abgasmesstechnik

Abgasprüfung auf Rollenprüfständen

Die Abgasprüfung auf Rollenprüfständen dient zum einen der Typprüfung zur Erlangung der allgemeinen Betriebserlaubnis, zum anderen der Entwicklung z. B. von Motorkomponenten. Sie unterscheidet sich damit von Prüfungen, die im Rahmen der Hauptuntersuchung und Teiluntersuchung Abgas z. B. mit Werkstatt-Messgeräten durchgeführt werden. Weiterhin werden Abgasprüfungen auf Motorprüfständen durchgeführt, z. B. für die Typprüfung von schweren Nfz.

Die Abgasprüfung auf Rollenprüfständen wird an Fahrzeugen durchgeführt. Die angewandten Verfahren sind derart definiert, dass der praktische Fahrbetrieb auf der Straße in großem Maße nachgebildet wird. Die Messung auf einem Rollenprüfstand bietet dabei folgende Vorteile:

- hohe Reproduzierbarkeit von Ergebnissen, da die Umgebungsbedingungen konstant gehalten werden können,
- gute Vergleichbarkeit von Tests, da ein definiertes Geschwindigkeits-Zeit-Profil unabhängig vom Verkehrsfluss abgefahren werden kann,
- stationärer Aufbau der erforderlichen Messtechnik.

Prüfaufbau

Das zu testende Fahrzeug wird mit den Antriebsrädern auf drehbare Rollen gestellt (Bild 12). Damit bei der auf dem Prüfstand simulierten Fahrt mit der Straßenfahrt vergleichbare Emissionen entstehen, müssen die auf das Fahrzeug wirkenden Kräfte – die Trägheitskräfte des Fahrzeugs sowie der

12 Abgasprüfung auf dem Rollenprüfstand

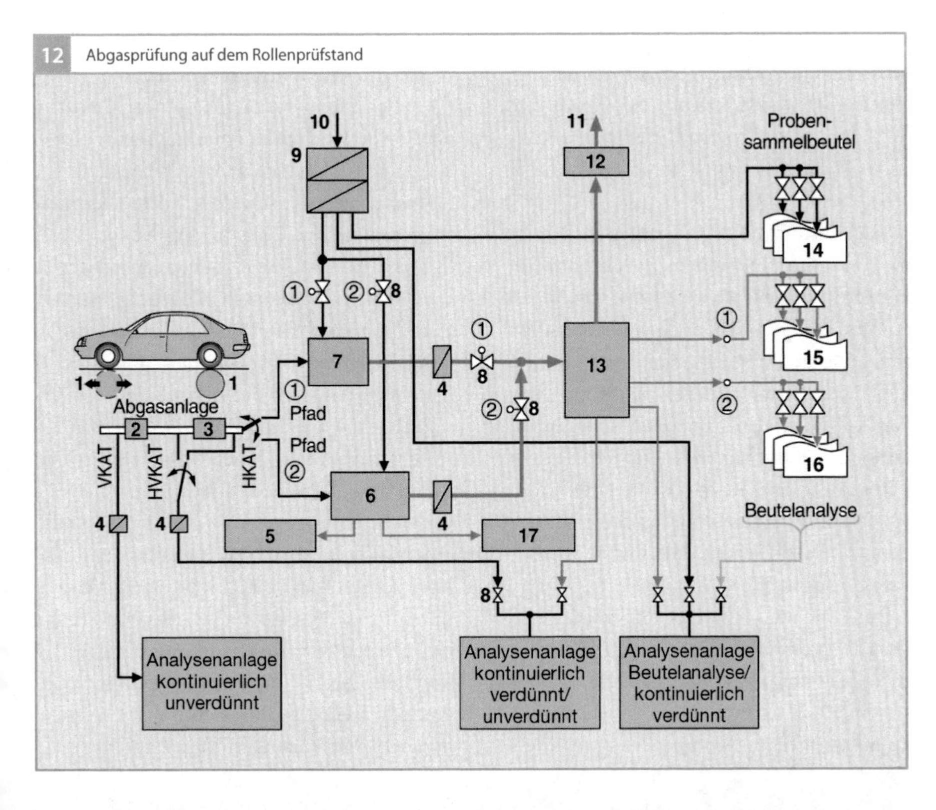

Bild 12
1 Rolle mit Dynamometer
2 Vorkatalysator
3 Hauptkatalysator
4 Filter
5 Partikelfilter
6 Verdünnungstunnel
7 Mischpunkt (Mix-T, siehe Text)
8 Ventil
9 Verdünnungsluft-konditionierung
10 Verdünnungsluft
11 Abgas-Luft-Gemisch
12 Gebläse
13 CVS-Anlage (Constant Volume Sampling)
14 Verdünnungsluft-probenbeutel
15 Abgasprobenbeutel (für Messung über den Mischpunkt)
16 Abgasprobenbeutel (für die Messung über den Tunnel)
17 Partikelzähler
① Pfad für die Abgasmessung über den Mischpunkt (ohne Bestimmung der Partikelemission)
② Pfad für die Abgasmessung über den Verdünnungstunnel (mit Bestimmung der Partikelemission)

Roll- und der Luftwiderstand – nachgebildet werden. Hierzu erzeugen Asynchronmaschinen, Gleichstrommaschinen oder auf älteren Prüfständen auch Wirbelstrombremsen eine geeignete geschwindigkeitsabhängige Last, die auf die Rollen wirkt und vom Fahrzeug überwunden werden muss. Zur Trägheitssimulation kommt bei neueren Anlagen eine elektrische Schwungmassensimulation zum Einsatz. Ältere Prüfstände verwenden reale Schwungmassen unterschiedlicher Größe, die sich über Schnellkupplungen mit den Rollen verbinden lassen und so die Fahrzeugmasse nachbilden. Ein vor dem Fahrzeug aufgestelltes Gebläse sorgt für die nötige Kühlung des Motors.

Das Auspuffrohr des zu testenden Fahrzeugs ist gasdicht an das Abgassammelsystem – das im Weiteren beschriebene Verdünnungssystem – angeschlossen. Dort wird eine Teilmenge des Abgases gesammelt und nach Abschluss des Fahrtests bezüglich der limitierten gasförmigen Schadstoffkomponenten (Kohlenwasserstoffe, Stickoxide und Kohlenmonoxid) sowie Kohlendioxid (zur Bestimmung des Kraftstoffverbrauchs) analysiert.

Nach Einführung der Abgasgesetzgebung waren Partikelemissionen zunächst nur für Dieselfahrzeuge limitiert. In den letzten Jahren sind die Gesetzgeber dazu übergegangen, diese auch für Fahrzeuge mit Ottomotoren zu begrenzen. Für die Bestimmung der Partikelemissionen kommen ein Verdünnungstunnel mit hoher innerer Strömungsturbulenz (Reynolds-Zahl über 40 000) und Partikelfilter, aus deren Beladung die Partikelemission ermittelt wird, zum Einsatz.

Zusätzlich kann zu Entwicklungszwecken an Probennahmestellen im Abgastrakt des Fahrzeugs oder im Verdünnungssystem ein Teilstrom des Abgases kontinuierlich entnommen und bezüglich der auftretenden Schadstoffkonzentrationen untersucht werden.

Der Testzyklus wird im Fahrzeug von einem Fahrer nachgefahren; hierfür werden die geforderte und die aktuelle Fahrgeschwindigkeit kontinuierlich auf einem Fahrerleitgerät dargestellt. In einigen Fällen ersetzt ein Fahrautomat den Fahrer, z. B. um die Reproduzierbarkeit von Testergebnissen zu erhöhen.

Verdünnungssystem

Die am weitesten verbreitete Methode, die von einem Motor emittierten Abgase zu sammeln, ist das CVS-Verdünnungsverfahren (Constant Volume Sampling). Es wurde erstmals 1972 in den USA für Pkw und leichte Nfz eingeführt und in mehreren Stufen verbessert. Das CVS-Verfahren wird u. a. in Japan eingesetzt, seit 1982 auch in Europa. Es ist damit ein weltweit anerkanntes Verfahren der Abgassammlung.

Die Analyse des Abgases erfolgt beim CVS-Verfahren erst nach Testende. Hierfür ist erforderlich, die Kondensation von Wasserdampf und die hieraus resultierenden Stickoxid-Verluste sowie die Nachreaktionen im gesammelten Abgas zu vermeiden.

Das CVS-Verfahren arbeitet nach folgendem Prinzip: Das vom Prüffahrzeug emittierte Abgas wird im Mix-T (Mischpunkt, bei dem die zwei Eingangsrohre und das Ausgangsrohr ein T bilden) oder im Verdünnungstunnel mit Umgebungsluft in einem mittleren Verhältnis von 1:5 bis 1:10 verdünnt und über eine spezielle Pumpenanordnung derart abgesaugt, dass der Gesamtvolumenstrom aus Abgas und Verdünnungsluft konstant ist. Die Zumischung von Verdünnungsluft ist also vom momentanen Abgasvolumenstrom abhängig. Aus dem verdünnten Abgasstrom wird kontinuierlich eine repräsentative Probe entnommen und in einem oder mehreren Abgasbeuteln gesammelt. Der Volumenstrom der Probenahme ist dabei innerhalb einer Beutelfüllphase konstant. Daher ist die Schadstoffkonzentration in einem Beutel nach Abschluss der Befüllung genauso groß wie der Mittelwert der Konzentration im verdünnten Abgas über den Zeitraum der Beutelbefüllung.

Zur Berücksichtigung der in der Verdünnungsluft enthaltenen Schadstoffkonzentrationen wird parallel zur Befüllung der Abgasbeutel eine Probe der Verdünnungsluft entnommen und in einem oder mehreren Luftbeuteln gesammelt.

Die Befüllung der Beutel korrespondiert im Allgemeinen mit den Phasen, in die die Testzyklen aufgeteilt sind (z. B. mit der ht-Phase im Testzyklus FTP 75).

Aus dem Gesamtvolumen des verdünnten Abgases und den Schadstoffkonzentrationen in den Abgas- und Luftbeuteln wird die während des Tests emittierte Schadstoffmasse berechnet.

Es existieren zwei alternative Verfahren zur Realisierung des konstanten Volumenstroms im verdünnten Abgas, nämlich das PDP-Verfahren (Positive Displacement Pump), bei dem ein Drehkolbengebläse (Roots-Gebläse) verwendet wird und das CFV-Verfahren (Critical Flow Venturi), bei dem eine Venturi-Düse im kritischen Zustand in Verbindung mit einem Standardgebläse zum Einsatz kommt.

Die Verdünnung des Abgases führt zu einer Reduzierung der Schadstoffkonzentrationen im Verhältnis der Verdünnung. Da die Schadstoffemissionen in den letzten Jahren aufgrund der Verschärfung der Emissionsgrenzwerte deutlich reduziert wurden, sind die Konzentrationen einiger Schadstoffe (insbesondere der Kohlenwasserstoffverbindungen) in bestimmten Testphasen im verdünnten Abgas vergleichbar mit den Konzentrationen in der Verdünnungsluft (oder niedriger). Damit sind die Grenzen der Messgenauigkeit erreicht, da für die Schadstoffemission die Differenz der beiden Werte ausschlaggebend ist. Außerdem muss die Messgenauigkeit der zur Schadstoffanalyse eingesetzten Messgeräte sehr hoch sein.

Um die hohen Anforderungen bei der Messung zu erfüllen, werden im Allgemeinen folgende Maßnahmen getroffen: Die Verdünnung wird abgesenkt; das erfordert Vorkehrungen gegen Kondensation von Wasser, z. B. Beheizung von Teilen der Verdünnungsanlagen, Trocknung oder Aufheizung der Verdünnungsluft. Außerdem werden die Schadstoffkonzentrationen in der Verdünnungsluft verringert und stabilisiert, z. B. durch Aktivkohlefilter. Ferner werden die eingesetzten Messgeräte (einschließlich Verdünnungsanlagen) optimiert, z. B. durch geeignete Auswahl oder Vorbehandlung der verwendeten Materialien und Anlagenaufbauten oder durch Verwendung angepasster elektronischer Bauteile. Schließlich werden die Prozesse, z. B. durch spezielle Spülprozeduren, optimiert.

In den USA wurde als Alternative zu den beschriebenen Verbesserungen der CVS-Technik ein neuer Typ einer Verdünnungsanlage entwickelt: der Bag Mini Diluter (BMD). Hier wird ein Teilstrom des Abgases in einem konstanten Verhältnis mit einem getrockneten, aufgeheizten schadstofffreien Nullgas (z. B. gereinigter Luft) verdünnt. Von diesem verdünnten Abgasstrom wird während des Fahrtests wiederum ein zum Abgasvolumenstrom proportionaler Teilstrom in Abgasbeutel gefüllt und nach Beendigung des Fahrtests analysiert.

Durch die Vorgehensweise, dass die Verdünnung nicht mehr mit schadstoffhaltiger Luft, sondern mit einem schadstofffreien Nullgas erfolgt, soll die Luftbeutelanalyse und die anschließende Differenzbildung von Abgas- und Luftbeutelkonzentrationen vermieden werden. Es ist allerdings ein größe-

Komponente	Verfahren
CO, CO_2	Nicht-dispersiver Infrarot-Analysator (NDIR)
Stickoxide (NO_x)	Chemilumineszenz-Detektor (CLD)
Gesamt-Kohlenwasserstoff (THC)	Flammenionisations-Detektor (FID)
CH_4	Kombination von gaschromatographischem Verfahren und Flammenionisations-Detektor (GC-FID)
CH_3OH, CH_2O	Kombination aus Impinger- oder Kartuschenverfahren und chromatographischen Analysetechniken; in den USA bei Verwendung bestimmter Kraftstoffe notwendig
Partikel	– 1. Gravimetrisches Verfahren: Wägung von Partikelfiltern vor und nach der Testfahrt – 2. Partikelzählung

Tabelle 3
Messverfahren für Schadstoffe

rer apparativer Aufwand als beim CVS-Verfahren erforderlich, z. B. durch die notwendige Bestimmung des (unverdünnten) Abgasvolumenstroms und die proportionale Beutelbefüllung.

Abgas-Messgeräte

Die Emission der limitierten gasförmigen Schadstoffe wird aus den Konzentrationen in Abgas- und Luftbeuteln ermittelt. Die Abgasgesetzgebungen definieren hierfür weltweit einheitliche Messverfahren (Tabelle 3).

Zu Entwicklungszwecken erfolgt auf vielen Prüfständen zusätzlich die kontinuierliche Bestimmung von Schadstoffkonzentrationen in der Abgasanlage des Fahrzeugs oder im Verdünnungssystem, und zwar sowohl für die limitierten als auch für weitere nicht limitierte Komponenten. Hierfür kommen außer den in Tabelle 3 genannten Messverfahren weitere zum Einsatz, wie:

- Paramagnetisches Verfahren (Bestimmung der O_2-Konzentration),
- Cutter-FID: Kombination eines Flammenionisations-Detektors mit einem Absorber für Kohlenwasserstoffe außer Methan (Bestimmung der CH_4-Konzentration),
- Massenspektroskopie (Multi-Komponenten-Analysator),
- FTIR-Spektroskopie (Fourier-Transform-Infrarot, Multi-Komponenten-Analysator),
- IR-Laserspektrometer (Multi-Komponenten-Analysator).

Im Folgenden wird auf die Funktionsweise der wichtigsten Messgeräte eingegangen.

NDIR-Analysator

Der NDIR-Analysator (nicht-dispersiver Infrarot-Analysator) nutzt die Eigenschaft bestimmter Gase aus, Infrarot-Strahlung in einem schmalen Wellenlängenbereich zu absorbieren. Die absorbierte Strahlung wird in Vibrations- oder Rotationsenergie der absorbierenden Moleküle umgewandelt, die sich wiederum als Wärme messen lässt. Das beschriebene Phänomen tritt bei Molekülen auf, die aus Atomen mindestens zweier unterschiedlicher Elemente gebildet sind, z. B. CO, CO_2, C_6H_{14} oder SO_2.

Es gibt verschiedene Varianten von NDIR-Analysatoren; die wesentlichen Bestandteile sind eine Infrarot-Lichtquelle (Bild 13), eine Absorptionszelle (Küvette), durch die das Messgas geleitet wird, eine im Allgemeinen parallel angeordnete Referenzzelle (mit Inertgas, z. B. N_2 gefüllt), eine Chopperscheibe und ein Detektor. Der Detektor besteht aus zwei durch ein Diaphragma verbundenen Kammern, die Proben der zu untersuchenden Gaskomponente enthalten. In einer Kammer wird die Strahlung aus der Referenzzelle absorbiert, in der anderen die Strahlung aus der Küvette, die gegebenenfalls bereits durch Absorption im Messgas verringert worden ist. Die unterschiedliche Strahlungsenergie führt zu einer Strömungsbewegung, die von einem Strömungs- oder Drucksensor gemessen wird. Die rotierende Chopperscheibe unterbricht zyklisch die Infrarot-Strahlung; dies führt zu einer wechselnden Ausrichtung der Strömungsbewegung und damit zu einer Modulation des Sensorsignals.

Zu beachten ist, dass NDIR-Analysatoren eine starke Querempfindlichkeit gegen Wasserdampf im Messgas besitzen, da H_2O-Moleküle über einen größeren Wellenlängenbereich Infrarot-Strahlung absorbieren. Aus diesem Grund werden NDIR-Analysatoren bei Messungen am unverdünnten Abgas hinter einer Messgasaufbereitung (z. B. einem Gaskühler) angeordnet, die für eine Trocknung des Abgases sorgt.

Chemilumineszenz-Detektor (CLD)

Das Messgas wird in einer Reaktionskammer mit Ozon, das in einer Hochspannungsentladung aus Sauerstoff erzeugt wird, gemischt (Bild 14). Das im Messgas enthaltene Stickstoffmonoxid oxidiert in dieser Umgebung zu Stickstoffdioxid; die entstehenden Moleküle befinden sich teilweise in einem angeregten Zustand. Die bei der Rückkehr dieser Moleküle in den Grundzustand frei werdende Energie wird in Form von Licht freigesetzt (Chemilumineszenz). Ein Detektor (z. B. ein Photomultiplier) misst die emittierte Lichtmenge; sie ist unter definierten Bedingungen proportional zur Stickstoffmonoxid-Konzentration (NO) im Messgas.

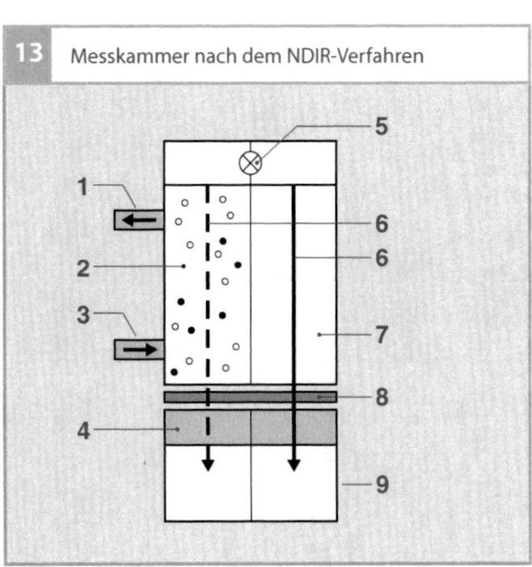

13 Messkammer nach dem NDIR-Verfahren

Bild 13
1 Gasausgang
2 Absorptionszelle
3 Eingang Messgas
4 optischer Filter
5 Infrarot-Lichtquelle
6 Infrarot-Strahlung
7 Referenzzelle
8 Chopperzelle
9 Detektor

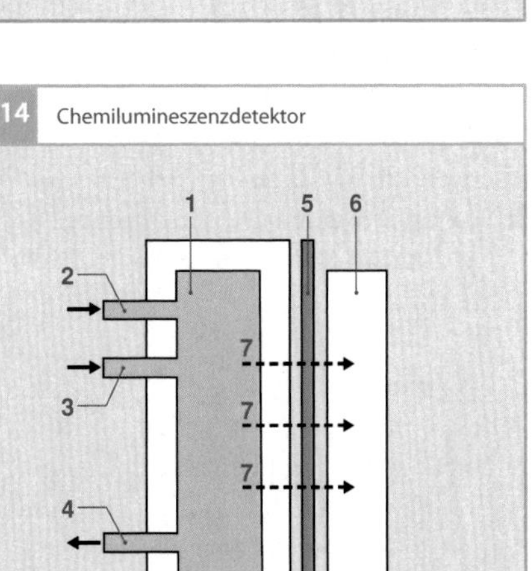

14 Chemilumineszenzdetektor

Bild 14
1 Reaktionskammer
2 Eingang Ozon
3 Eingang Messgas
4 Gasausgang
5 Filter
6 Detektor
7 Licht

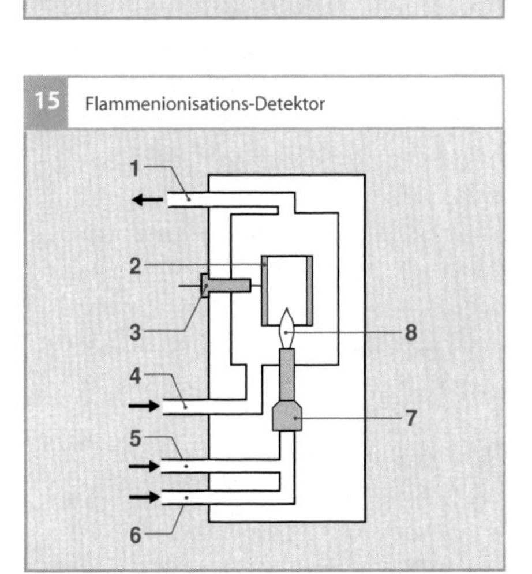

15 Flammenionisations-Detektor

Bild 15
1 Gasausgang
2 Sammelelektrode
3 Verstärker
4 Brennluft
5 Messgas
6 Brenngas (H_2, He)
7 Brenner
8 Flamme

Die Gesetzgebung reglementiert daher die Emission der Summe der Stickoxide reglementiert, ist die Erfassung von NO- und NO_2-Molekülen erforderlich. Da der Chemilumineszenz-Detektor jedoch durch sein Messprinzip auf die Bestimmung der NO-Konzentration beschränkt ist, wird das Messgas durch einen Konverter geleitet, der Stickstoffdioxid zu Stickstoffmonoxid reduziert.

Flammenionisations-Detektor (FID)

Das Messgas wird in einer Wasserstoffflamme verbrannt (Bild 15). Dort kommt es zur Bildung von Kohlenstoffradikalen und der temporären Ionisierung eines Teils dieser Radikale. Die Radikale werden an einer Sammelelektrode entladen. Der entstehende Strom wird gemessen; er ist proportional zur Anzahl der Kohlenstoffatome im Messgas.

GC-FID und Cutter-FID

Für die Bestimmung der Methan-Konzentration im Messgas gibt es zwei gleichermaßen verbreitete Verfahren, die jeweils aus der Kombination eines CH_4-separierenden Elements und eines Flammenionisations-Detektors bestehen. Zur Separation des Methans werden dabei entweder eine Gaschromatographensäule (GC-FID) oder ein beheizter Katalysator, der die Nicht-CH_4-Kohlenwasserstoffe oxidiert (Cutter-FID), eingesetzt.

Der GC-FID kann im Gegensatz zum Cutter-FID die CH_4-Konzentrationen lediglich diskontinuierlich bestimmen (typisches Intervall zwischen zwei Messungen: 30...45 s).

Paramagnetischer Detektor

Paramagnetische Detektoren (PMD) existieren (herstellerabhängig) in verschiedenen Bauformen. Sie beruhen auf dem Phänomen, dass auf Moleküle mit paramagnetischen Eigenschaften (z. B. Sauerstoff) in inhomogenen Magnetfeldern Kräfte wirken, die zu einer Molekülbewegung führen. Diese Bewegung wird von einem geeigneten Detektor aufgenommen und ist proportional zur Konzentration der Moleküle im Messgas.

Messung der Partikelemission

Zusätzlich zu den gasförmigen Schadstoffen sind die Festkörperpartikel von Interesse, da sie ebenfalls zu den limitierten Schadstoffen gehören. Für die Bestimmung der Partikelemissionen sind das gravimetrische Verfahren und von einigen Gesetzgebern die Partikelzählung vorgeschrieben.

Beim gravimetrischen Verfahren wird aus dem Verdünnungstunnel während des Fahrtests ein Teilstrom des verdünnten Abgases entnommen und durch Partikelfilter geleitet. Aus dem Gewicht der Partikelfilter vor und nach dem Fahrtest wird die Beladung mit Partikeln ermittelt. Aus der Beladung sowie dem Gesamtvolumen des verdünnten Abgases und dem über die Partikelfilter geleiteten Teilvolumen wird die Partikelemission über den Fahrtest berechnet.

Das gravimetrische Verfahren besitzt folgende Nachteile:

- relativ hohe Nachweisgrenze, kann durch hohen apparativen Aufwand (z. B. Optimierung der Tunnelgeometrie) nur eingeschränkt verringert werden,
- keine kontinuierliche Bestimmung der Partikelemissionen,
- hoher Aufwand, da die Konditionierung der Partikelfilter notwendig ist, um Umwelteinflüsse zu minimieren,
- keine Selektion bezüglich der chemischen Zusammensetzung der Partikel oder der Partikelgröße.

Aufgrund der genannten Nachteile und der fortschreitenden Reduzierung der

Grenzwerte wird zunehmend neben der Partikelemission (Partikelmasse pro Wegstrecke) auch die Anzahl der emittierten Partikel pro Kilometer limitiert. Für die gesetzeskonforme Bestimmung der Partikelanzahl (Partikelzählung) wurde der „Condensation Particulate Counter" (CPC) als Messgerät festgelegt. In diesem wird ein kleiner Teilstrom des verdünnten Abgases mit gesättigtem Butanoldampf vermischt. Durch die Kondensation des Butanols an den Festkörperpartikeln wächst deren Größe deutlich an, so dass die Bestimmung der Partikelanzahl mit Hilfe einer Streulichtmessung möglich ist. Die Partikelanzahl im verdünnten Abgas wird kontinuierlich ermittelt; aus der Integration der Messwerte ergibt sich die Partikelanzahl über den Fahrtest.

Bestimmung der Partikel-Größenverteilung
Es ist von zunehmendem Interesse, Kenntnisse über die Größenverteilung der Partikel im Abgas eines Fahrzeugs zu erlangen. Beispiele für Geräte, die diese Informationen liefern, sind:

- Scanning Mobility Particle Sizer (SMPS),
- Electrical Low Pressure Impactor (ELPI),
- Differential Mobility Spectrometer (DMS).

Diese Verfahren werden aktuell nur für Forschungszwecke eingesetzt.

Diagnose

Die Zunahme der Elektronik im Kraftfahrzeug, die Nutzung von Software zur Steuerung des Fahrzeugs und die erhöhte Komplexität moderner Einspritzsysteme stellen hohe Anforderungen an das Diagnosekonzept, die Überwachung im Fahrbetrieb (On-Board-Diagnose) und die Werkstattdiagnose. Basis der Werkstattdiagnose ist die geführte Fehlersuche, die verschiedene Möglichkeiten von Onboard- und Offboard-Prüfmethoden und Prüfgeräten verknüpft. Im Zuge der Verschärfung der Abgasgesetzgebung und der Forderung nach laufender Überwachung hat auch der Gesetzgeber die On-Board-Diagnose als Hilfsmittel zur Abgasüberwachung erkannt und eine herstellerunabhängige Standardisierung geschaffen. Dieses zusätzlich installierte System wird OBD-System (On Board Diagnostic System) genannt.

Überwachung im Fahrbetrieb – On-Board-Diagnose

Übersicht

Die im Steuergerät integrierte Diagnose gehört zum Grundumfang elektronischer Motorsteuerungssysteme. Neben der Selbstprüfung des Steuergeräts werden Ein- und Ausgangssignale sowie die Kommunikation der Steuergeräte untereinander überwacht. Überwachungsalgorithmen überprüfen während des Betriebs die Eingangs- und Ausgangssignale sowie das Gesamtsystem mit allen relevanten Funktionen auf Fehlverhalten und Störung. Die dabei erkannten Fehler werden im Fehlerspeicher des Steuergeräts abgespeichert. Bei der Fahrzeuginspektion in der Kundendienstwerkstatt werden die gespeicherten Informationen über eine Schnittstelle ausgelesen und ermöglichen so eine schnelle und sichere Fehlersuche und Reparatur.

Überwachung der Eingangssignale

Die Sensoren, Steckverbinder und Verbindungsleitungen (im Signalpfad) zum Steuergerät (Bild 1) werden anhand der ausgewerteten Eingangssignale überwacht. Mit diesen Überprüfungen können neben Sensorfehlern auch Kurzschlüsse zur Batteriespannung U_B und zur Masse sowie Leitungsunterbrechungen festgestellt werden. Hierzu werden folgende Verfahren angewandt:

- Überwachung der Versorgungsspannung des Sensors (falls vorhanden),
- Überprüfung des erfassten Wertes auf den zulässigen Wertebereich (z. B. 0,5...4,5 V),
- Plausibilitätsprüfung der gemessenen Werte mit Modellwerten (Nutzung analytischer Redundanz),
- Plausibilitätsprüfung der gemessenen Werte eines Sensors durch direkten Vergleich mit Werten eines zweiten Sensors (Nutzung physikalischer Redundanz, z. B. bei wichtigen Sensoren wie dem Fahrpedalsensor).

Überwachung der Ausgangssignale

Die vom Steuergerät über Endstufen angesteuerten Aktoren (Bild 1) werden überwacht. Mit den Überwachungsfunktionen werden neben Aktorfehlern auch Leitungsunterbrechungen und Kurzschlüsse erkannt. Hierzu werden folgende Verfahren angewandt: Einerseits erfolgt die Überwachung des Stromkreises eines Ausgangssignals durch die Endstufe. Der Stromkreis wird auf Kurzschlüsse zur Batteriespannung U_B, zur Masse und auf Unterbrechung überwacht. Andererseits werden die Systemauswirkungen des Aktors direkt oder indirekt durch eine Funktions- oder Plausibilitätsüberwachung erfasst. Die Aktoren des Systems, z. B. das Abgasrückführventil, die Drosselklappe oder die Drallklappe, werden indirekt über die Regelkreise (z. B. auf permanente Regelabweichung) und teilweise zusätzlich über

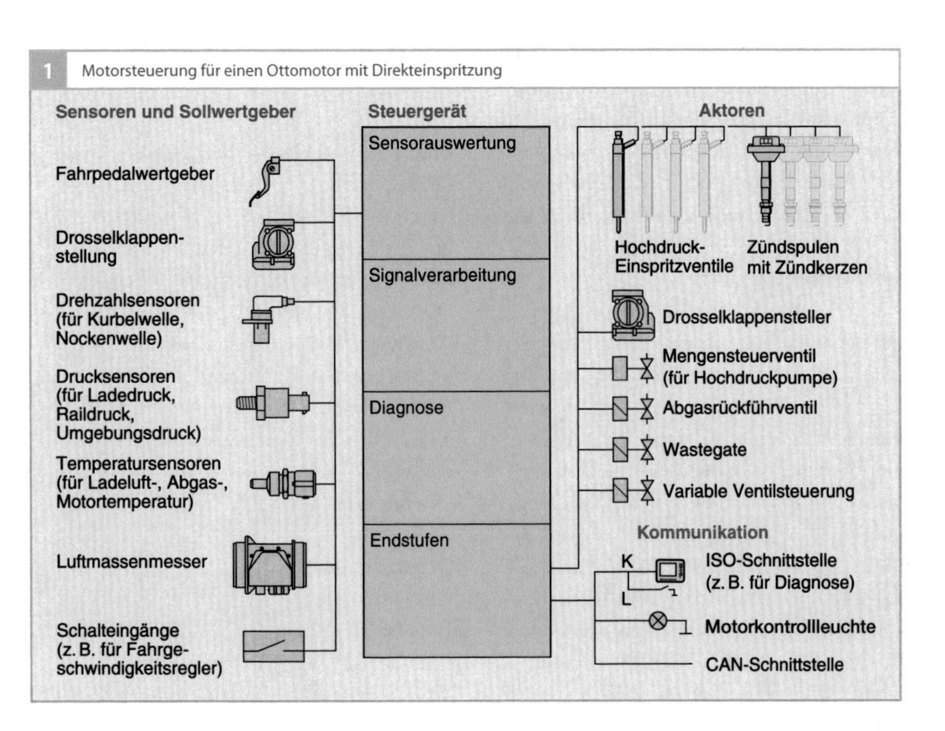

1 Motorsteuerung für einen Ottomotor mit Direkteinspritzung

Lagesensoren (z. B. die Stellung der Drallklappe) überwacht.

Überwachung der internen Steuergerätefunktionen

Damit die korrekte Funktionsweise des Steuergeräts jederzeit sichergestellt ist, sind im Steuergerät Überwachungsfunktionen in Hardware (z. B. in „intelligenten" Endstufenbausteinen) und in Software realisiert. Die Überwachungsfunktionen überprüfen die einzelnen Bauteile des Steuergeräts (z. B. Mikrocontroller, Flash-EPROM, RAM). Viele Tests werden sofort nach dem Einschalten durchgeführt. Weitere Überwachungsfunktionen werden während des normalen Betriebs durchgeführt und in regelmäßigen Abständen wiederholt, damit der Ausfall eines Bauteils auch während des Betriebs erkannt wird. Testabläufe, die sehr viel Rechnerkapazität erfordern oder aus anderen Gründen nicht im Fahrbetrieb erfolgen können, werden im Nachlauf nach „Motor aus" durchgeführt. Auf diese Weise werden die anderen Funktionen nicht beeinträchtigt. Beim Common-Rail-System für Dieselmotoren werden im Hochlauf oder im Nachlauf z. B. die Abschaltpfade der Injektoren getestet. Beim Ottomotor wird im Nachlauf z. B. das Flash-EPROM geprüft.

Überwachung der Steuergerätekommunikation

Die Kommunikation mit den anderen Steuergeräten findet in der Regel über den CAN-Bus statt. Im CAN-Protokoll sind Kontrollmechanismen zur Störungserkennung integriert, sodass Übertragungsfehler schon im CAN-Baustein erkannt werden können. Darüber hinaus werden im Steuergerät weitere Überprüfungen durchgeführt. Da die meisten CAN-Botschaften in regelmäßigen Abständen von den jeweiligen Steuergeräten versendet werden, kann z. B. der Ausfall eines CAN-Controllers in einem Steuergerät mit der Überprüfung dieser zeitlichen Abstände detektiert werden. Zusätzlich werden die empfangenen Signale bei Vorliegen von redundanten Informationen im Steuergerät durch entsprechenden Vergleich überprüft.

Fehlerbehandlung

Fehlererkennung

Ein Signalpfad wird als endgültig defekt eingestuft, wenn ein Fehler über eine definierte Zeit vorliegt. Bis zur Defekteinstufung wird der zuletzt als gültig erkannte Wert im System verwendet. Mit der Defekteinstufung wird in der Regel eine Ersatzfunktion eingeleitet (z. B. Motortemperatur-Ersatzwert T = 90 °C). Für die meisten Fehler ist eine Intakt-Erkennung während des Fahrzeugbetriebs möglich. Hierzu muss der Signalpfad für eine definierte Zeit als intakt erkannt werden.

Fehlerspeicherung

Jeder Fehler wird im nichtflüchtigen Bereich des Datenspeichers in Form eines Fehlercodes abgespeichert. Der Fehlercode beschreibt auch die Fehlerart (z. B. Kurzschluss, Leitungsunterbrechung, Plausibilität, Wertebereichsüberschreitung). Zu jedem Fehlereintrag werden zusätzliche Informationen gespeichert, z. B. die Betriebs- und Umweltbedingungen (Freeze Frame), die bei Auftreten des Fehlers herrschten (z. B. Motordrehzahl, Motortemperatur).

Notlauffunktionen

Bei Erkennen eines Fehlers können neben Ersatzwerten auch Notlaufmaßnahmen (z. B. Begrenzung der Motorleistung oder -drehzahl) eingeleitet werden. Diese Maßnahmen dienen der Erhaltung der Fahrsicherheit, der Vermeidung von Folgeschäden oder der Begrenzung von Abgasemissionen.

OBD-System für Pkw und leichte Nfz

Damit die vom Gesetzgeber geforderten Emissionsgrenzwerte auch im Alltag eingehalten werden, müssen das Motorsystem und die Komponenten ständig überwacht werden. Deshalb wurden – beginnend in Kalifornien – Regelungen zur Überwachung der abgasrelevanten Systeme und Komponenten erlassen. Damit wird die herstellerspezifische On-Board-Diagnose (OBD) hinsichtlich der Überwachung emissionsrelevanter Komponenten und Systeme standardisiert und weiter ausgebaut.

Gesetzgebung

OBD I (CARB)

1988 trat in Kalifornien mit der OBD I die erste Stufe der CARB-Gesetzgebung (California Air Resources Board) in Kraft. Diese erste OBD-Stufe verlangt die Überwachung abgasrelevanter elektrischer Komponenten (Kurzschlüsse, Leitungsunterbrechungen) und die Abspeicherung der Fehler im Fehlerspeicher des Steuergeräts sowie eine Motorkontrollleuchte (Malfunction Indicator Lamp, MIL), die dem Fahrer erkannte Fehler anzeigt. Außerdem muss mit Onboard-Mitteln (z. B. Blinkcode über eine Kontrollleuchte) ausgelesen werden können, welche Komponente ausgefallen ist.

OBD II (CARB)

1994 wurde mit OBD II die zweite Stufe der Diagnosegesetzgebung in Kalifornien eingeführt. Für Fahrzeuge mit Dieselmotoren wurde OBD II ab 1996 Pflicht. Zusätzlich zu dem Umfang OBD I wird nun auch die Funktionalität des Systems überwacht (z. B. durch Prüfung von Sensorsignalen auf Plausibilität). Die OBD II verlangt, dass alle abgasrelevanten Systeme und Komponenten, die bei Fehlfunktion zu einer Erhöhung der schädlichen Abgasemissionen (und damit zur Überschreitung der OBD-Grenzwerte) führen können, überwacht werden. Zusätzlich sind auch alle Komponenten, die zur Überwachung emissionsrelevanter Komponenten eingesetzt werden oder die das Diagnoseergebnis beeinflussen können, zu überwachen.

Für alle zu überprüfenden Komponenten und Systeme müssen die Diagnosefunktionen in der Regel mindestens einmal im Abgas-Testzyklus (z. B. FTP 75, Federal Test Procedure) durchlaufen werden. Die OBD-II-Gesetzgebung schreibt ferner eine Normung der Fehlerspeicherinformation und des Zugriffs darauf (Stecker, Kommunikation) nach ISO-15031 und den entsprechenden SAE-Normen (Society of Automotive Engineers) vor. Dies ermöglicht das Auslesen des Fehlerspeichers über genormte, frei käufliche Tester (Scan-Tools).

Erweiterungen der OBD II

Ab Modelljahr 2004

Seit Einführung der OBD II wurde das Gesetz in mehreren Stufen (Updates) überarbeitet. Seit Modelljahr 2004 ist die Aktualisierung der CARB OBD II zu erfüllen, welche neben verschärften und zusätzlichen funktionalen Anforderungen auch die Überprüfung der Diagnosehäufigkeit ab Modelljahr 2005 im Alltag (In Use Monitor Performance Ratio, IUMPR) erfordert.

Ab Modelljahr 2007

Die letzte Überarbeitung gilt ab Modelljahr 2007. Neue Anforderungen für Ottomotoren sind im Wesentlichen die Diagnose zylinderindividueller Gemischvertrimmung (Air-Fuel-Imbalance), erweiterte Anforderungen an die Diagnose der Kaltstartstrategie sowie die permanente Fehlerspeicherung, die auch für Dieselsysteme gilt.

Ab Modelljahr 2014

Für diese erfolgt eine erneute Überarbeitung des Gesetzes (Biennial Review) durch den Gesetzgeber. Es gibt generell auch konkrete Überlegungen, die OBD-Anforderungen hinsichtlich der Erkennung von CO_2-erhöhenden Fehlern zu erweitern. Zudem ist mit einer Präzisierung der Anforderungen für Hybrid-Fahrzeuge zu rechnen. Voraussichtlich tritt diese Erweiterung ab Modelljahr 2014 oder 2015 sukzessive in Kraft.

EPA-OBD

In den übrigen US-Bundesstaaten, welche die kalifornische OBD-Gesetzgebung nicht anwenden, gelten seit 1994 die Gesetze der Bundesbehörde EPA (Environmental Protection Agency). Der Umfang dieser Diagnose entspricht im Wesentlichen der CARB-Gesetzgebung (OBD II). Ein CARB-Zertifikat wird von der EPA anerkannt.

EOBD

Die auf europäische Verhältnisse angepasste OBD wird als EOBD (europäische OBD) bezeichnet und lehnt sich an die EPA-OBD an. Die EOBD gilt seit Januar 2000 für Pkw und leichte Nfz (bis zu 3,5 t und bis zu 9 Sitzplätzen) mit Ottomotoren. Neue Anforderungen an die EOBD für Otto- und Diesel-Pkw wurden im Rahmen der Emissions- und OBD-Gesetzgebung Euro 5/6 verabschiedet (OBD-Stufen: Euro 5 ab September 2009; Euro 5+ ab September 2011, Euro 6-1 ab September 2014 und Euro 6-2 ab September 2017).

Eine generelle neue Anforderung für Otto- und Diesel-Pkw ist die Überprüfung der Diagnosehäufigkeit im Alltag (In-Use-Performance-Ratio) in Anlehnung an die CARB-OBD-Gesetzgebung (IUMPR) ab Euro 5+ (September 2011). Für Ottomotoren erfolgte mit der Einführung von Euro 5 ab September 2009 primär die Absenkung der OBD-Grenzwerte. Zudem wurde neben einem Partikelmassen-OBD-Grenzwert (nur für direkteinspritzende Motoren) auch ein NMHC-OBD-Grenzwert (Kohlenwasserstoffe außer Methan, anstelle des bisherigen HC) eingeführt. Direkte funktionale OBD-Anforderungen resultieren in der Überwachung des Dreiwegekatalysators auf NMHC. Ab September 2011 gilt die Stufe Euro 5+ mit unveränderten OBD-Grenzwerten gegenüber Euro 5. Wesentliche funktionale Anforderungen an die EOBD sind die zusätzliche Überwachung des Dreiwegekatalysators auf NO_x. Mit Euro 6-1 ab September 2014 und Euro 6-2 ab September 2017 ist eine weitere zweistufige Reduzierung einiger OBD-Grenzwerte beschlossen worden (siehe Tabelle 1), wobei für Euro 6-2 noch eine Revision der Werte bis September 2014 möglich ist.

Andere Länder

Einige andere Länder haben die EU- oder die US-OBD-Gesetzgebung bereits übernommen oder planen deren Einführung (z. B. China, Russland, Südkorea, Indien, Brasilien, Australien).

Anforderungen an das OBD-System

Alle Systeme und Komponenten im Kraftfahrzeug, deren Ausfall zu einer Verschlechterung der im Gesetz festgelegten Abgasprüfwerte führt, müssen vom Motorsteuergerät durch geeignete Maßnahmen überwacht werden. Führt ein vorliegender Fehler zum Überschreiten der OBD-Grenzwerte, so muss dem Fahrer das Fehlverhalten über die Motorkontrollleuchte angezeigt werden.

Grenzwerte

Die US-OBD II (CARB und EPA) sieht OBD-Schwellen vor, die relativ zu den Emissionsgrenzwerten definiert sind. Damit ergeben sich für die verschiedenen Abgaskategorien, nach denen die Fahrzeuge zertifiziert sind (z. B. LEV, ULEV, SULEV, etc.), unterschiedliche zulässige OBD-Grenzwerte. Bei der für die europäische Gesetzgebung geltenden EOBD sind absolute Grenzwerte verbindlich (Tabelle 1).

Anforderungen an die Funktionalität

Bei der On-Board-Diagnose müssen alle Eingangs- und Ausgangssignale des Steuergeräts sowie die Komponenten selbst überwacht werden. Die Gesetzgebung fordert die elektrische Überwachung (Kurzschluss, Leitungsunterbrechung) sowie eine Plausibilitätsprüfung für Sensoren und eine Funktionsüberwachung für Aktoren. Die Schadstoffkonzentration, die durch den Ausfall einer Komponente zu erwarten ist (kann im Abgaszyklus gemessen werden), sowie die teilweise im

Tabelle 1
OBD-Grenzwerte für Otto-Pkw
NMHC Kohlenwasserstoffe außer Methan,
PM Partikelmasse,
CO Kohlenmonoxid,
NO_x Stickoxide.

Die Grenzwerte für EU 5 gelten ab September 2009, für EU 6-1 ab September 2014 und für EU 6-2 ab September 2017. Bei EU 6-2 handelt es sich um einen EU-Kommissionsvorschlag. Die endgültige Festlegung erfolgte September 2014. Der Grenzwert bezüglich Partikelmasse ab EU 5 gilt nur für Direkteinspritzung.

OBD-Gesetz	OBD-Grenzwerte		
CARB	– Relative Grenzwerte – Meist 1,5-facher Grenzwert der jeweiligen Abgaskategorie		
EPA (US-Federal)	– Relative Grenzwerte – Meist 1,5-facher Grenzwert der jeweiligen Abgaskategorie		
EOBD	– Absolute Grenzwerte		
	EU 5 CO: 1 900 mg/km NMHC: 250 mg/km NO_x: 300 mg/km PM: 50 mg/km	EU 6-1 CO: 1 900 mg/km NMHC: 170 mg/km NO_x: 150 mg/km PM: 25 mg/km	EU 6-2 CO: 1 900 mg/km NMHC: 170 mg/km NO_x: 90 mg/km PM: 12 mg/km

Gesetz geforderte Art der Überwachung bestimmt auch die Art der Diagnose. Ein einfacher Funktionstest (Schwarz-Weiß-Prüfung) prüft nur die Funktionsfähigkeit des Systems oder der Komponenten, z. B. ob die Drallklappe öffnet und schließt. Die umfangreiche Funktionsprüfung macht eine genauere Aussage über die Funktionsfähigkeit des Systems und bestimmt gegebenenfalls auch den quantitativen Einfluss der defekten Komponente auf die Emissionen. So muss bei der Überwachung der adaptiven Einspritzfunktionen (z. B. Nullmengenkalibrierung beim Dieselmotor oder λ-Adaption beim Ottomotor) die Grenze der Adaption überwacht werden. Die Komplexität der Diagnosen hat mit der Entwicklung der Abgasgesetzgebung ständig zugenommen.

Motorkontrollleuchte

Die Motorkontrollleuchte weist den Fahrer auf das fehlerhafte Verhalten einer Komponente hin. Bei einem erkannten Fehler wird sie im Geltungsbereich von CARB und EPA im zweiten Fahrzyklus mit diesem Fehler eingeschaltet. Im Geltungsbereich der EOBD muss sie spätestens im dritten Fahrzyklus mit erkanntem Fehler eingeschaltet werden. Verschwindet ein Fehler wieder (z. B. ein Wackelkontakt), so bleibt der Fehler im Fehlerspeicher noch 40 Fahrten (Warm up Cycles) eingetragen. Die Motorkontrollleuchte wird nach drei fehlerfreien Fahrzyklen wieder ausgeschaltet. Bei Fehlern, die beim Ottomotor zu einer Schädigung des Katalysators führen können (z. B. Verbrennungsaussetzer), blinkt die Motorkontrollleuchte.

Kommunikation mit dem Scan-Tool

Die OBD-Gesetzgebung schreibt eine Standardisierung der Fehlerspeicherinformation und des Zugriffs darauf (Stecker, Kommunikationsschnittstelle) nach der ISO-15031-Norm und den entsprechenden SAE-Normen vor. Dies ermöglicht das Auslesen des Fehlerspeichers über genormte, frei käufliche Tester (Scan-Tools, Bild 2). Ab 2008 ist nach der CARB-Gesetzgebung und ab 2014 nach der EU-Gesetzgebung nur noch die Diagnose über CAN (nach der ISO-15765) erlaubt.

2 OBD-System

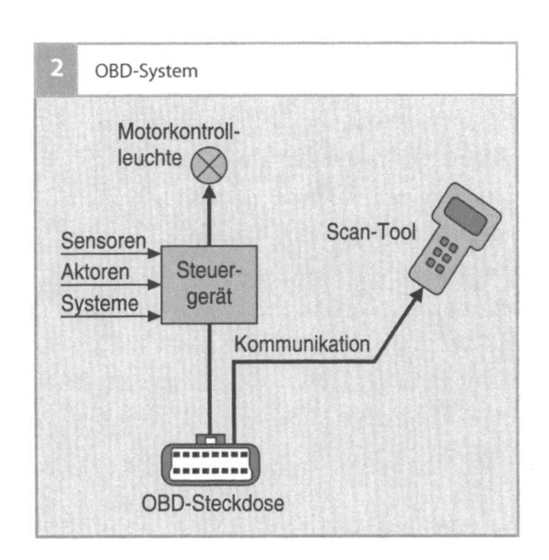

Fahrzeugreparatur

Mit Hilfe des Scan-Tools können die emissionsrelevanten Fehlerinformationen von jeder Werkstatt aus dem Steuergerät ausgelesen werden. So werden auch herstellerunabhängige Werkstätten in die Lage versetzt, eine Reparatur durchzuführen. Zur Sicherstellung einer fachgerechten Reparatur werden die Hersteller verpflichtet, notwendige Werkzeuge und Informationen gegen eine angemessene Bezahlung zur Verfügung zu stellen (z. B. Reparaturanleitungen im Internet).

Einschaltbedingungen

Die Diagnosefunktionen werden nur dann abgearbeitet, wenn die physikalischen Einschaltbedingungen erfüllt sind. Hierzu gehören z. B. Drehmomentschwellen, Motortemperaturschwellen und Drehzahlschwellen oder -grenzen.

Sperrbedingungen
Diagnosefunktionen und Motorfunktionen können nicht immer gleichzeitig arbeiten. Es gibt Sperrbedingungen, die die Durchführung bestimmter Funktionen unterbinden. Beispielsweise kann die Tankentlüftung (mit Kraftstoffverdunstungs-Rückhaltesystem) des Ottomotors nicht arbeiten, wenn die Katalysatordiagnose in Betrieb ist. Beim Dieselmotor kann der Luftmassenmesser nur dann hinreichend überwacht werden, wenn das Abgasrückführventil geschlossen ist.

Temporäres Abschalten von Diagnosefunktionen
Um Fehldiagnosen zu vermeiden, dürfen die Diagnosefunktionen unter bestimmten Voraussetzungen abgeschaltet werden. Beispiele hierfür sind große Höhe, niedrige Umgebungstemperatur bei Motorstart oder niedrige Batteriespannung.

Readiness-Code
Für die Überprüfung des Fehlerspeichers ist es von Bedeutung, zu wissen, dass die Diagnosefunktionen wenigstens ein Mal abgearbeitet wurden. Das kann durch Auslesen der Readiness-Codes (Bereitschaftscodes) über die Diagnoseschnittstelle überprüft werden. Diese Readiness-Codes werden für die wichtigsten überwachten Komponenten gesetzt, wenn die entsprechenden gesetzesrelevanten Diagnosen abgeschlossen sind.

Diagnose-System-Manager
Die Diagnosefunktionen für alle zu überprüfenden Komponenten und Systeme müssen im Fahrbetrieb, jedoch mindestens einmal im Abgas-Testzyklus (z. B. FTP 75, NEFZ) durchlaufen werden. Der Diagnose-System-Manager (DSM) kann die Reihenfolge für die Abarbeitung der Diagnosefunktionen je nach Fahrzustand dynamisch verändern. Ziel dabei ist, dass alle Diagnosefunktionen auch im täglichen Fahrbetrieb häufig ablaufen.

Der Diagnose-System Manager besteht aus den Komponenten Diagnose-Fehlerpfad-Management zur Speicherung von Fehlerzuständen und zugehörigen Umweltbedingungen (Freeze Frames), Diagnose-Funktions-Scheduler zur Koordination der Motor- und Diagnosefunktionen und dem Diagnose-Validator zur zentralen Entscheidung bei erkannten Fehlern über ursächlichen Fehler oder Folgefehler. Alternativ zum Diagnose-Validator gibt es auch Systeme mit dezentraler Validierung, d. h., die Validierung erfolgt in der Diagnosefunktion.

Rückruf
Erfüllen Fahrzeuge die gesetzlichen OBD-Forderungen nicht, kann der Gesetzgeber auf Kosten der Fahrzeughersteller Rückrufaktionen anordnen.

OBD-Funktionen

Übersicht
Während die EOBD nur bei einzelnen Komponenten die Überwachung im Detail vorschreibt, sind die spezifischen Anforderungen bei der CARB-OBD II wesentlich detaillierter. Die folgende Liste stellt den derzeitigen Stand der CARB-Anforderungen (ab Modelljahr 2010) für Pkw-Ottofahrzeuge dar. Mit (E) sind die Anforderungen markiert, die auch in der EOBD-Gesetzgebung detaillierter beschrieben sind:

- Katalysator (E), beheizter Katalysator,
- Verbrennungsaussetzer (E),
- Kraftstoffverdunstungs-Minderungssystem (Tankleckdiagnose, bei (E) zumindest die elektrische Prüfung des Tankentlüftungsventils),
- Sekundärlufteinblasung,
- Kraftstoffsystem,

- Abgassensoren (λ-Sonden (E), NO_x-Sensoren (E), Partikelsensor),
- Abgasrückführsystem (E),
- Kurbelgehäuseentlüftung,
- Motorkühlsystem,
- Kaltstartemissionsminderungssystem,
- Klimaanlage (bei Einfluss auf Emissionen oder OBD),
- variabler Ventiltrieb (derzeit nur bei Ottomotoren im Einsatz),
- direktes Ozonminderungssystem,
- sonstige emissionsrelevante Komponenten und Systeme (E), Comprehensive Components
- IUMPR (In-Use-Monitor-Performance-Ratio) zur Prüfung der Durchlaufhäufigkeit von Diagnosefunktionen im Alltag (E).

Sonstige emissionsrelevante Komponenten und Systeme sind die in dieser Aufzählung nicht genannten Komponenten und Systeme, deren Ausfall zur Erhöhung der Abgasemissionen (CARB OBD II), zur Überschreitung der OBD-Grenzwerte (CARB OBD II und EOBD) oder zur negativen Beeinflussung des Diagnosesystems (z.B. durch Sperrung anderer Diagnosefunktionen) führen kann. Bei der Durchlaufhäufigkeit von Diagnosefunktionen müssen Mindestwerte eingehalten werden.

Katalysatordiagnose

Der Dreiwegekatalysator hat die Aufgabe, die bei der Verbrennung des Luft-Kraftstoff-Gemischs entstehenden Schadstoffe CO, NO_x und HC zu konvertieren. Durch Alterung oder Schädigung (thermisch oder durch Vergiftung) nimmt die Konvertierungsleistung ab. Deshalb muss die Katalysatorwirkung überwacht werden.

Ein Maß für die Konvertierungsleistung des Katalysators ist seine Sauerstoff-Speicherfähigkeit (Oxygen Storage Capacity). Bislang konnte bei allen Beschichtungen von Dreiwegekatalysatoren (Trägerschicht „Wash-Coat“ mit Ceroxiden als sauerstoffspeichernde Komponenten und Edelmetallen als eigentlichem Katalysatormaterial) eine Korrelation dieser Speicherfähigkeit zur Konvertierungsleistung nachgewiesen werden.

Die primäre Gemischregelung erfolgt mithilfe einer λ-Sonde vor dem Katalysator nach dem Motor. Bei heutigen Motorkonzepten ist eine weitere λ-Sonde hinter dem Katalysator angebracht, die zum einen der Nachregelung der primären λ-Sonde dient, zum anderen für die OBD genutzt wird. Das Grundprinzip der Katalysatordiagnose ist dabei der Vergleich der Sondensignale vor und hinter dem betrachteten Katalysator.

Diagnose von Katalysatoren mit geringer Sauerstoff-Speicherfähigkeit

Die Diagnose von Katalysatoren mit geringer Sauerstoff-Speicherfähigkeit erfolgt vorwiegend mit dem „passiven Amplituden-Modellierungs-Verfahren“ (siehe Bild 3). Das Diagnoseverfahren beruht auf der Bewertung der Sauerstoffspeicherfähigkeit des Katalysators. Der Sollwert der λ-Regelung wird mit definierter Frequenz und Amplitude moduliert. Es wird die Sauerstoffmenge berechnet, die durch mageres ($\lambda > 1$) oder fettes Gemisch ($\lambda < 1$) in den Sauerstoffspeicher eines Katalysators aufgenommen oder diesem entnommen wird. Die Amplitude der λ-Sonde hinter dem Katalysator ist stark abhängig von der Sauerstoff-Wechselbelastung (abwechselnd Mangel und Überschuss) des Katalysators. Angewandt wird diese Berechnung auf den Sauerstoffspeicher (OSC, Oxygen Storage Component) des Grenzkatalysators. Die Änderung der Sauerstoffkonzentration im Abgas hinter dem Katalysator wird modelliert. Dem liegt die Annahme zugrunde, dass der den Katalysator

3 Katalysatordiagnose mit dem passiven Verfahren

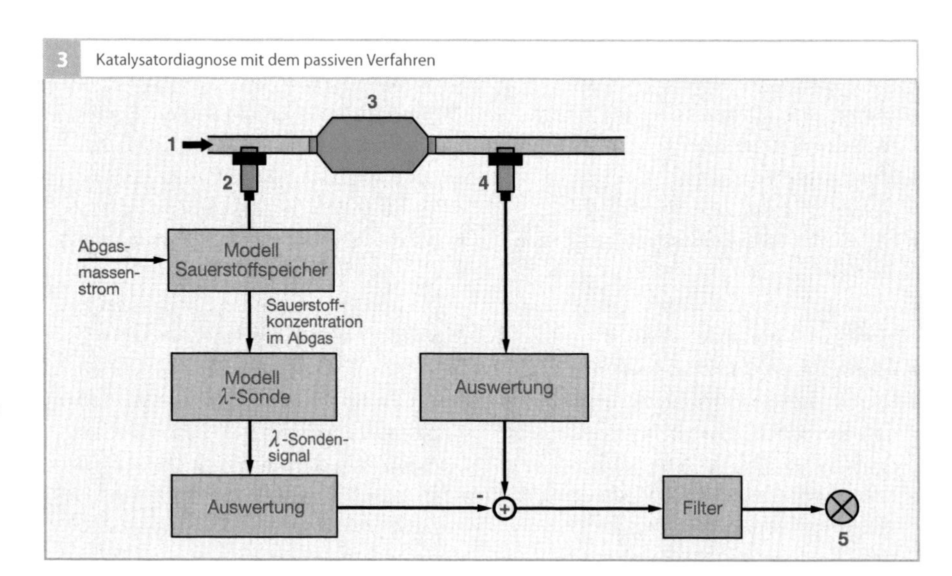

Bild 3
1 Abgasmassenstrom vom Motor
2 λ-Sonde
3 Katalysator
4 λ-Sonde
5 Motorkontrollleuchte

verlassenden Sauerstoff proportional zum Füllstand des Sauerstoffspeichers ist.

Durch diese Berechnung ist es möglich, das aufgrund der Änderung der Sauerstoffkonzentration resultierende Sondensignal nachzubilden. Die Schwankungshöhe dieses nachgebildeten Sondensignals wird nun mit der Schwankungshöhe des tatsächlichen Sondensignals verglichen. Solange das gemessene Sondensignal eine geringere Schwankungshöhe aufweist als das nachgebildete, besitzt der Katalysator eine höhere Sauerstoffspeicherfähigkeit als der nachgebildete Grenzkatalysator. Übersteigt die Schwankungshöhe des gemessenen Sondensignals diejenige des nachgebildeten Grenzkatalysators, so ist der Katalysator als defekt anzuzeigen.

Diagnose von Katalysatoren mit hoher Sauerstoff-Speicherfähigkeit

Zur Diagnose von Katalysatoren mit hoher Sauerstoffspeicherfähigkeit wird vorwiegend das „aktive Verfahren" bevorzugt (siehe Bild 4). Infolge der hohen Sauerstoffspeicherfähigkeit wird die Modulation des Regelsollwerts auch bei geschädigtem Katalysator noch sehr stark gedämpft. Deshalb ist die Änderung der Sauerstoffkonzentration hinter dem Katalysator für eine passive Auswertung, wie bei dem zuvor beschriebenen passiven Verfahren, zu gering, sodass ein Diagnoseverfahren mit einem aktiven Eingriff in die λ-Regelung erforderlich ist.

Die Katalysator-Diagnose beruht auf der direkten Messung der Sauerstoff-Speicherung beim Übergang von fettem zu magerem Gemisch. Vor dem Katalysator ist eine stetige Breitband-λ-Sonde eingebaut, die den Sauerstoffgehalt im Abgas misst. Hinter dem Katalysator befindet sich eine Zweipunkt-λ-Sonde, die den Zustand des Sauerstoffspeichers detektiert. Die Messung wird in einem stationären Betriebspunkt im unteren Teillastbereich durchgeführt.

In einem ersten Schritt wird der Sauerstoffspeicher durch fettes Abgas ($\lambda < 1$) vollständig entleert. Das Sondensignal der hinteren Sonde zeigt dies durch eine entsprechend hohe Spannung (ca. 650 mV) an. Im nächsten Schritt wird auf mageres Abgas ($\lambda > 1$) umgeschaltet und die eingetragene

4 Katalysatordiagnose mit dem aktiven Verfahren

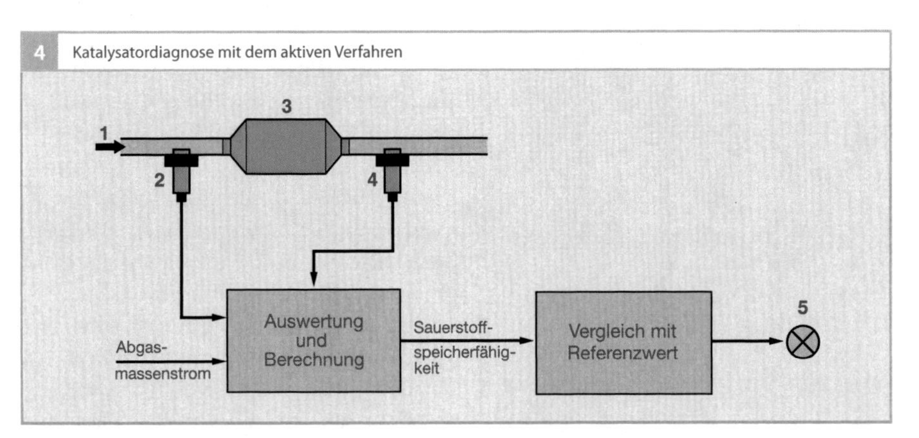

Bild 4
1 Abgasmassenstrom vom Motor
2 Breitband-λ-Sonde
3 Katalysator
4 Zweipunkt-λ-Sonde
5 Motorkontroll-leuchte

Sauerstoffmasse bis zum Überlauf des Sauerstoffspeichers mithilfe des Luftmassenstroms und des Signals der Breitband-λ-Sonde vor dem Katalysator berechnet. Der Überlauf ist durch das Absinken der Sondenspannung hinter dem Katalysator auf Werte unter 200 mV gekennzeichnet. Der berechnete Integralwert der Sauerstoffmasse gibt die Sauerstoffspeicherfähigkeit an. Dieser Wert muss einen Referenzwert überschreiten, sonst wird der Katalysator als defekt eingestuft.

Prinzipiell wäre die Auswertung auch mit der Messung der Regeneration des Sauerstoff-Speichers bei einem Übergang vom mageren zum fetten Betrieb möglich. Mit der Messung der Sauerstoff-Einspeicherung beim Fett-Mager-Übergang ergibt sich aber eine geringere Temperaturabhängigkeit und eine geringere Abhängigkeit von der Verschwefelung, sodass mit dieser Methode eine genauere Bestimmung der Sauerstoff-Speicherfähigkeit möglich ist.

Diagnose von NO_x-Speicherkatalysatoren
Neben der Funktion als Dreiwegekatalysator hat der für die Benzin-Direkteinspritzung erforderliche NO_x-Speicherkatalysator die Aufgabe, die im Magerbetrieb (bei $\lambda > 1$) nicht konvertierbaren Stickoxide zwischenzuspeichern, um sie später bei einem homogen verteilten Luft-Kraftstoff-Gemisch mit $\lambda < 1$ zu konvertieren. Die NO_x-Speicherfähigkeit dieses Katalysators – gekennzeichnet durch den Katalysator-Gütefaktor – nimmt durch Alterung und Vergiftung (z. B. Schwefeleinlagerung) ab. Deshalb ist eine Überwachung der Funktionsfähigkeit erforderlich. Hierfür können je eine λ -Sonde vor und hinter dem Katalysator verwendet werden. Zur Bestimmung des Katalysator-Gütefaktors wird der tatsächliche NO_x-Speicherinhalt mit dem Erwartungswert des NO_x-Speicherinhalts für einen neuen NO_x-Katalysator (aus einem Neukatalysator-Modell) verglichen. Der tatsächliche NO_x-Speicherinhalt entspricht dem gemessenen Reduktionsmittelverbrauch (HC und CO) während der Regenerierung des Katalysators. Die Menge an Reduktionsmitteln wird durch Integration des Reduktionsmittel-Massenstroms während der Regenerierphase bei $\lambda < 1$ ermittelt. Das Ende der Regenerierungsphase wird durch einen Spannungssprung der λ-Sonde hinter dem Katalysator erkannt. Alternativ kann über einen NO_x-Sensor der tatsächliche NO_x-Speicherinhalt bestimmt werden.

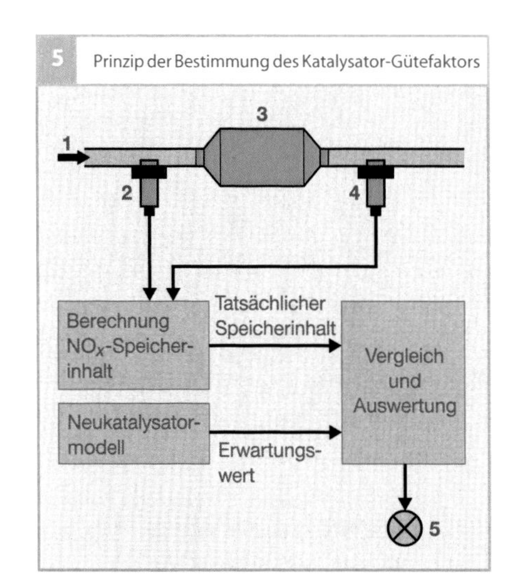

Bild 5
1 Abgasmassenstrom vom Motor
2 Breitband-λ-Sonde
3 NO_x-Speicherkatalysators
4 Zweipunkt-λ-Sonde oder NO_x-Sensor
5 Motorkontrollleuchte

Verbrennungsaussetzererkennung

Der Gesetzgeber fordert die Erkennung von Verbrennungsaussetzern, die z. B. durch abgenutzte Zündkerzen auftreten können. Ein Zündaussetzer verhindert das Entflammen des Luft-Kraftstoff-Gemischs im Motor, es kommt zu einem Verbrennungsaussetzer, und unverbranntes Gemisch wird in den Abgastrakt ausgestoßen. Die Aussetzer verursachen daher eine Nachverbrennung des unverbrannten Gemischs im Katalysator und führen dadurch zu einem Temperaturanstieg. Dies kann eine schnellere Alterung oder sogar eine völlige Zerstörung des Katalysators zur Folge haben. Weiterhin führen Zündaussetzer zu einer Erhöhung der Abgasemissionen, insbesondere von HC und CO, sodass eine Überwachung auf Zündaussetzer notwendig ist.

Die Aussetzererkennung wertet für jeden Zylinder die von einer Verbrennung bis zur nächsten verstrichene Zeit – die Segmentzeit – aus. Diese Zeit wird aus dem Signal des Drehzahlsensors abgeleitet. Gemessen wird die Zeit, die verstreicht, wenn sich das Kurbelwellen-Geberrad eine bestimmte Anzahl von Zähnen weiterdreht. Bei einem Verbrennungsaussetzer fehlt dem Motor das durch die Verbrennung erzeugte Drehmoment, was zu einer Verlangsamung führt. Eine signifikante Verlängerung der daraus resultierenden Segmentzeit deutet auf einen Zündaussetzer hin (Bild 6). Bei hohen Drehzahlen und niedriger Motorlast beträgt die Verlängerung der Segmentzeit durch Aussetzer nur etwa 0,2 %. Deshalb ist eine genaue Überwachung der Drehbewegung und ein aufwendiges Rechenverfahren notwendig, um Verbrennungsaussetzer von Störgrößen (z. B. Erschütterungen aufgrund einer schlechten Fahrbahn) unterscheiden zu können. Die Geberradadaption kompensiert Abweichungen, die auf Fertigungstoleranzen am Geberrad zurückzuführen sind. Diese Funktion ist im Teillast-Bereich und Schubbetrieb aktiv, da in diesem Betriebszustand nur ein geringes oder kein beschleunigendes Drehmoment aufgebaut wird. Die Geberradadaption liefert Korrekturwerte für die Segmentzeiten. Bei unzulässig hohen Aussetzerraten kann an dem betroffenen Zylinder die Einspritzung ausgeblendet werden, um den Katalysator zu schützen.

Tankleckdiagnose

Nicht nur die Abgasemissionen beeinträchtigen die Umwelt, sondern auch die aus dem Kraftstoff führenden System – insbesondere aus der Tankanlage – entweichenden Kraftstoffdämpfe (Verdunstungsemissionen), sodass auch hierfür Emissionsgrenzwerte gelten. Zur Begrenzung der Verdunstungsemissionen werden die Kraftstoffdämpfe im Aktivkohlebehälter des Kraftstoffverdunstungs-Rückhaltesystems (Bild 7) bei geschlossenem Absperrventil (4) gespeichert und später wieder über das Tankentlüftungsventil und das Saugrohr der Verbrennung im Motor zugeführt. Das Regenerieren des Aktivkohlebehälters erfolgt durch Luftzufuhr bei geöffnetem Absperrventil (4) und bei ge-

6 Funktionsweise der Aussetzerkennung

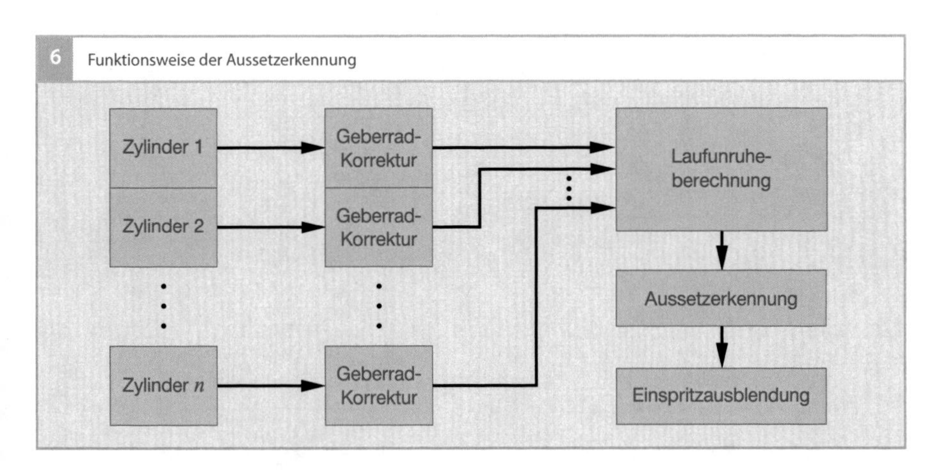

öffnetem Tankentlüftungsventil (2). Im normalen Motorbetrieb (d. h. keine Regenerierung oder Diagnose) bleibt das Absperrventil geschlossen, um ein Ausgasen der Kraftstoffdämpfe aus dem Tank in die Umwelt zu verhindern. Die Überwachung des Tanksystems gehört zum Diagnoseumfang.

Für den europäischen Markt beschränkt sich der Gesetzgeber zunächst auf eine einfache Überprüfung des elektrischen Schaltkreises des Tankdrucksensors und des Tankentlüftungsventils. In den USA wird hingegen das Erkennen von Lecks im Kraftstoffsystem gefordert. Hierfür gibt es die folgenden zwei unterschiedlichen Diagnoseverfahren, mit welchen ein Grobleck bis zu 1,0 mm Durchmesser und ein Feinleck bis zu 0,5 mm Durchmesser erkannt werden kann. Die folgenden Ausführungen beschreiben die prinzipielle Funktionsweise der Leckerkennung ohne die Einzelheiten bei der Realisierung.

Diagnoseverfahren mit Unterdruckabbau
Bei stehendem Fahrzeug wird im Leerlauf das Tankentlüftungsventil (Bild 7, Pos. 2) geschlossen. Daraufhin wird im Tanksystem, infolge der durch das offene Absperrventil (4) hereinströmenden Luft, der Unterdruck verringert, d. h., der Druck im Tanksystem steigt. Wenn der Druck, der mit dem Drucksensor (6) gemessen wird, in einer bestimmten Zeit nicht den Umgebungsdruck erreicht, wird auf ein fehlerhaftes Absperrventil geschlossen, da sich dieses nicht genügend oder gar nicht geöffnet hat.

Liegt kein Defekt am Absperrventil vor, wird dieses geschlossen. Durch Ausgasung (Kraftstoffverdunstung) kann nun ein Druckanstieg erfolgen. Der sich einstellende Druck darf einen bestimmten Bereich weder über- noch unterschreiten. Liegt der gemessene Druck unterhalb des vorgeschriebenen Bereichs, so liegt eine Fehlfunktion im Tankentlüftungsventil vor. Das heißt, die Ursa-

7 Tankleckdiagnose mit Unterdruckverfahren

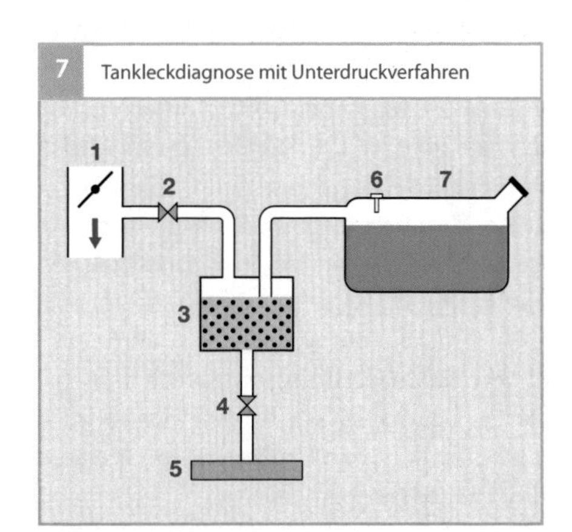

Bild 7
1 Saugrohr mit Drosselklappe
2 Tankentlüftungsventil (Regenerierventil)
3 Aktivkohlebehälter
4 Absperrventil
5 Luftfilter
6 Tankdrucksensor
7 Kraftstoffbehälter

8 Tankleckdiagnose mit Überdruckverfahren

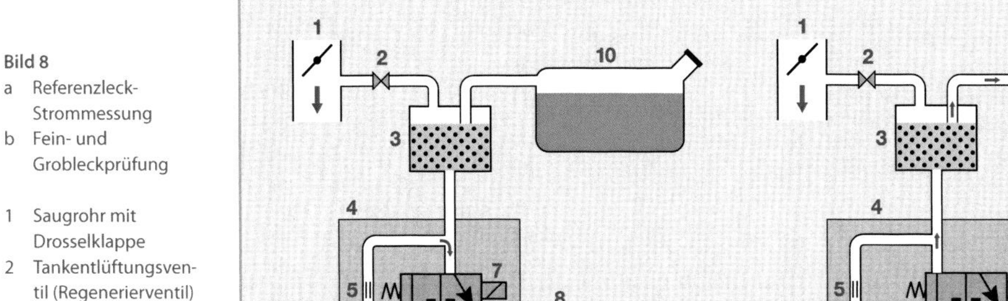

Bild 8
- a Referenzleck-Strommessung
- b Fein- und Grobleckprüfung

1. Saugrohr mit Drosselklappe
2. Tankentlüftungsventil (Regenerierventil)
3. Aktivkohlebehälter
4. Diagnosemodul
5. Referenzleck 0,5 mm
6. Flügelzellenpumpe
7. Umschaltventil
8. Luftfilter
9. Frischluft
10. Kraftstoffbehälter

che für den zu niedrigen Druck ist ein undichtes Tankentlüftungsventil, sodass durch den Unterdruck im Saugrohr Dampf aus dem Tanksystem gesaugt wird. Liegt der gemessene Druck oberhalb des vorgeschriebenen Bereichs, so verdampft zu viel Kraftstoff (z. B. wegen zu hoher Umgebungstemperatur), um eine Diagnose durchführen zu können. Ist der durch die Ausgasung entstehende Druck im erlaubten Bereich, so wird dieser Druckanstieg als Kompensationsgradient für die Feinleckdiagnose gespeichert. Erst nach der Prüfung von Absperr- und Tankentlüftungsventil kann die Tankleckdiagnose fortgesetzt werden.

Zunächst wird eine Grobleckerkennung durchgeführt. Im Leerlauf des Motors wird das Tankentlüftungsventil (Bild 7, Pos. 2) geöffnet, wobei sich der Unterdruck des Saugrohrs (1) im Tanksystem „fortsetzt". Nimmt der Tankdrucksensor (6) eine zu geringe Druckänderung auf, da Luft durch ein Leck wieder nachströmt und so den induzierten Druckabfall wieder ausgleicht, wird ein Fehler durch ein Grobleck erkannt und die Diagnose abgebrochen.

Die Feinleckdiagnose kann beginnen, sobald kein Grobleck erkannt wurde. Hierzu wird das Tankentlüftungsventil (2) wieder geschlossen. Der Druck sollte anschließend nur um die zuvor gespeicherte Ausgasung (Kompensationsgradient) ansteigen, da das Absperrventil (4) immer noch geschlossen ist. Steigt der Druck jedoch stärker an, so muss ein Feinleck vorhanden sein, durch welches Luft einströmen kann.

Überdruckverfahren

Bei erfüllten Diagnose-Einschaltbedingungen und nach abgeschalteter Zündung wird im Steuergerätenachlauf das Überdruckverfahren gestartet. Bei der Referenzleck-Strommessung pumpt die im Diagnosemodul (Bild 8a, Pos. 4) integrierte elektrisch angetriebene Flügelzellenpumpe (6) Luft durch ein „Referenzleck" (5) von 0,5 mm Durchmesser. Durch den an dieser Verengung entstehenden Staudruck steigt die Belastung der Pumpe, was zu einer Drehzahlverminderung und einer Stromerhöhung führt. Der sich bei dieser Referenzmessung einstellende Strom (Bild 9) wird gemessen und gespeichert.

Anschließend (Bild 8b) pumpt die Pumpe nach Umschalten des Magnetventils (7) Luft in den Kraftstoffbehälter. Ist der Tank dicht, so baut sich ein Druck und somit ein Pumpenstrom auf (Bild 9), der über dem Referenzstrom liegt (3). Im Fall eines Feinlecks erreicht der Pumpstrom den Referenzstrom, dieser wird allerdings nicht überschritten (2). Wird der Referenzstrom auch nach längerem Pumpen nicht erreicht, so liegt ein Grobleck vor (1).

Diagnose des Sekundärluftsystems

Der Betrieb des Motors mit einem fetten Gemisch (bei $\lambda < 1$) – wie es z. B. bei niedrigen Temperaturen notwendig sein kann – führt zu hohen Kohlenwasserstoff- und Kohlenmonoxidkonzentrationen im Abgas. Diese Schadstoffe müssen im Abgastrakt nachoxidiert, d. h. nachverbrannt werden. Direkt nach den Auslassventilen befindet sich deshalb bei vielen Fahrzeugen eine Sekundärlufteinblasung, die den für die katalytische Nachverbrennung notwendigen Sauerstoff in das Abgas einbläst (Bild 10).

Bei Ausfall dieses Systems steigen die Abgasemissionen beim Kaltstart oder bei einem kalten Katalysator an. Deshalb ist eine Diagnose notwendig. Die Diagnose der Sekundärlufteinblasung ist eine funktionale Prüfung, bei der getestet wird, ob die Pumpe einwandfrei läuft oder ob Störungen in der Zuleitung zum Abgastrakt vorliegen. Neben der funktionalen Prüfung ist für den CARB-Markt die Erkennung einer reduzierten Einleitung von Sekundärluft (Flow-Check), die zu einem Überschreiten des OBD-Grenzwerts führt, erforderlich.

Die Sekundärluft wird direkt nach dem Motorstart und während der Katalysatoraufheizung eingeblasen. Die eingeblasene Sekundärluftmasse wird aus den Messwerten der λ-Sonde berechnet und mit einem Referenzwert verglichen. Weicht die berechnete Sekundärluftmasse vom Referenzwert ab, wird damit ein Fehler erkannt.

Für den CARB-Markt ist es aus gesetzlichen Gründen notwendig, die Diagnose während der regulären Sekundärluftzuschaltung durchzuführen. Da die Betriebsbereitschaft der λ-Sonde fahrzeugspezifisch zu unterschiedlichen Zeiten nach dem Motorstart erreicht wird, kann es sein, dass die Diagno-

9 Signalverlauf beim Überdruckverfahren

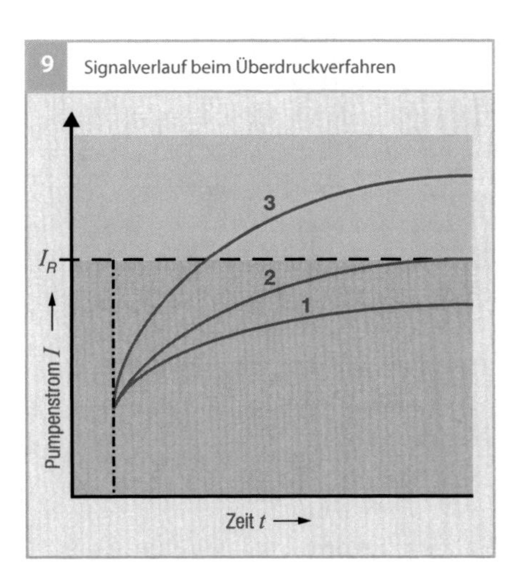

Bild 9
I_R Referenzstrom
1 Stromverlauf bei einem Leck über 0,5 mm Durchmesser
2 Stromverlauf bei einem Leck mit 0,5 mm Durchmesser
3 Stromverlauf bei dichtem Tank

10 Prinzip der Sekundärlufteinblasung

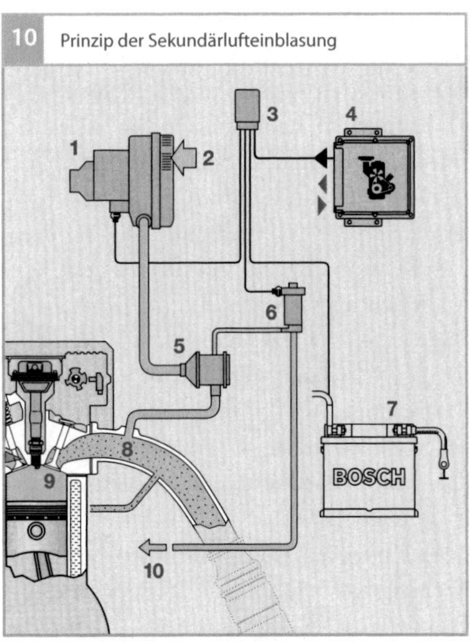

Bild 10
1 Sekundärluftpumpe
2 angesaugte Luft
3 Relais
4 Motorsteuergerät
5 Sekundärluftventil
6 Steuerventil
7 Batterie
8 Einleitstelle ins Abgasrohr
9 Auslassventil
10 zum Saugrohranschluss

seablaufhäufigkeit (IUMPR) mit dem beschriebenen Diagnoseverfahren nicht erreicht wird und ein anderes Diagnoseverfahren verwendet werden muss. Das alternativ zum Einsatz kommende Verfahren beruht auf einem druckbasierten Ansatz. Das Verfahren benötigt einen Sekundärluft-Drucksensor, der direkt im Sekundärluftventil oder in der Rohrverbindung zwischen Sekundärluftpumpe und Sekundärluftventil verbaut ist. Gegenüber dem bisherigen direkten λ-Sonden-basierten Verfahren basiert das Diagnoseprinzip auf einer indirekten quantitativen Bestimmung des Sekundärluftmassenstroms aus dem Druck vor dem Sekundärluftventil.

Diagnose des Kraftstoffsystems

Fehler im Kraftstoffsystem (z. B. defektes Kraftstoffventil, Loch im Saugrohr) können eine optimale Gemischbildung verhindern. Deshalb wird eine Überwachung dieses Systems durch die OBD verlangt. Dazu werden u. a. die angesaugte Luftmasse (aus dem Signal des Luftmassenmessers), die Drosselklappenstellung, das Luft-Kraftstoff-Verhältnis (aus dem Signal der λ-Sonde vor dem Katalysator) sowie Informationen zum Betriebszustand im Steuergerät verarbeitet, und dann gemessene Werte mit den Modellrechnungen verglichen.

Ab Modelljahr 2011 wird zudem die Überwachung von Fehlern (z. B. Injektorfehler) gefordert, die zylinderindividuelle Gemischunterschiede hervorrufen. Das Diagnoseprinzip basiert auf einer Auswertung des Drehzahlsignals (Laufunruhesignals) und nutzt die Abhängigkeit der Laufunruhe vom Luftverhältnis aus. Zum Zweck der Diagnose wird sukzessive jeweils ein Zylinder abgemagert, während die verbleibenden Zylinder angefettet werden, so dass ein stöchiometrisches Luft-Kraftstoff-Verhältnis erhalten bleibt. Die Diagnose verarbeitet dabei die erforderlichen Änderung der Kraftstoffmenge, um eine applizierte Laufunruhedifferenz zu erreichen. Diese Änderung ist ein Maß für die Vertrimmung eines Zylinders hinsichtlich des Luft-Kraftstoff-Verhältnisses.

Diagnose der λ-Sonden

Das λ-Sonden-System besteht in der Regel aus zwei Sonden (eine vor und eine hinter dem Katalysator) und dem λ-Regelkreis. Vor dem Katalysator befindet sich meist eine Breitband-λ-Sonde, die kontinuierlich den λ-Wert, d. h. das Luftverhältnis über den gesamten Bereich von fett nach mager, misst und als Spannungsverlauf ausgibt (Bild 11a). In Abhängigkeit von den Marktanforderungen kann auch eine Zweipunkt-λ-Sonde (Sprungsonde) vor dem Katalysator verwendet werden. Diese zeigt durch einen Spannungssprung (Bild 11b) an, ob ein mageres ($\lambda > 1$) oder ein fettes Gemisch ($\lambda < 1$) vorliegt.

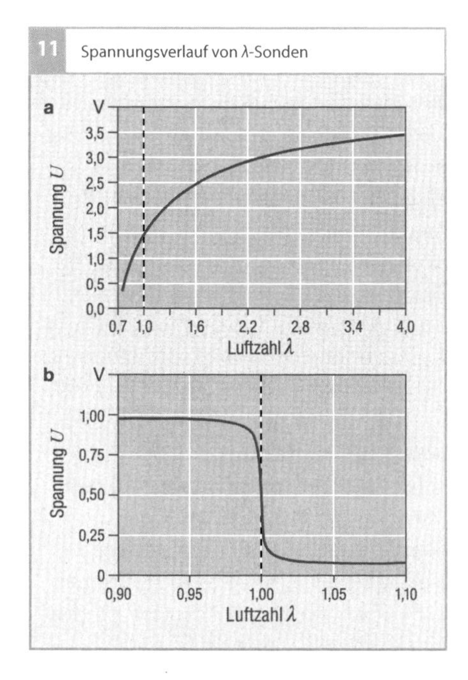

Bild 11
a Breitband-λ-Sonde
b Zweipunkt-λ-Sonde (Sprungsonde)

Bei heutigen Konzepten ist eine sekundäre λ-Sonde – meist eine Zweipunkt-Sonde – hinter dem Vor- oder dem Hauptkatalysator angebracht, die zum einen der Nachregelung der primären λ-Sonde dient, zum anderen für die OBD genutzt wird. Die λ-Sonden kontrollieren nicht nur das Luft-Kraftstoff-Gemisch im Abgas für die Motorsteuerung, sondern prüfen auch die Funktionsfähigkeit des Katalysators.

Mögliche Fehler der Sonden sind Unterbrechungen oder Kurzschlüsse im Stromkreis, Alterung der Sonde (thermisch, durch Vergiftung) – führt zu einer verringerten Dynamik des Sondensignals – oder verfälschte Werte durch eine kalte Sonde, wenn Betriebstemperatur nicht erreicht ist.

Primäre λ-Sonde
Die Sonde vor dem Katalysator wird als primäre λ-Sonde oder Upstream-Sonde bezeichnet. Sie wird bezüglich Plausibilität (von Innenwiderstand, Ausgangsspannung – das eigentliche Signal – und anderen Parametern) sowie Dynamik geprüft. Bezüglich der Dynamik wird die symmetrische und die asymmetrische Signalanstiegsgeschwindigkeit (Transition Time) und die Totzeit (Delay) jeweils beim Wechsel von „fett“ zu „mager“ und von „mager“ zu „fett“ (sechs Fehlerfälle, Six Patterns – gemäß CARB-OBD-II-Gesetzgebung) sowie die Periodendauer geprüft. Besitzt die Sonde eine Heizung, so muss auch diese in ihrer Funktion überprüft werden. Die Prüfungen erfolgen während der Fahrt bei relativ konstanten Betriebsbedingungen. Die Breitband-λ-Sonde benötigt andere Diagnoseverfahren als die Zweipunkt-λ-Sonde, da für sie auch von $\lambda = 1$ abweichende Vorgaben möglich sind.

Sekundäre λ-Sonde
Eine sekundäre λ-Sonde oder Downstream-Sonde ist u. a. für die Kontrolle des Katalysators zuständig. Sie überprüft die Konvertierung des Katalysators und gibt damit die für die Diagnose des Katalysators wichtigsten Werte ab. Man kann durch ihre Signale auch die Werte der primären λ-Sonde überprüfen. Darüber hinaus kann durch die sekundäre λ-Sonde die Langzeitstabilität der Emissionen sichergestellt werden. Mit Ausnahme der Periodendauer werden alle für die primären λ-Sonden genannten Eigenschaften und Parameter auch bei den sekundären λ-Sonden geprüft. Für die Erkennung von Dynamikfehlern ist die Diagnose der Signalanstiegsgeschwindigkeit und der Totzeit erforderlich.

Diagnose des Abgasrückführungssystems

Die Abgasrückführung (AGR) ist ein wirksames Mittel zur Absenkung der Stickoxidemission im Magerbetrieb. Durch Zumischen von Abgas zum Luft-Kraftstoff-Gemisch wird die Verbrennungs-Spitzentemperatur gesenkt und damit die Bildung von Stickoxiden reduziert. Die Funktionsfähigkeit des Abgasrückführungssystems muss deshalb überwacht werden. Hierzu kommen zwei alternative Verfahren zum Einsatz.

Zur Diagnose des AGR-Systems wird ein Vergleich zweier Bestimmungsmethoden für den AGR-Massenstrom herangezogen. Bei Methode 1 wird aus der Differenz zwischen zufließendem Frischluftmassenstrom über die Drosselklappe (gemessen über den Heißfilm-Luftmassenmesser) und dem abfließenden Massenstrom in die Zylinder (berechnet mit dem Saugrohrmodell und dem Signale des Saugrohrdrucksensors) der AGR-Massenstrom bestimmt. Bei Methode 2 wird über das Druckverhältnis und die Lagerückmeldung des AGR-Ventils der AGR-Massenstrom berechnet. Die Ergebnisse aus Methode 1 und Methode 2 werden kontinuierlich verglichen und ein Adaptionsfaktor gebildet. Der Adaptionsfaktor wird auf eine Über- oder Unterschreitung eines Bereichs überwacht und schließlich wird das Diagnoseergebnis gebildet.

Eine weitere Diagnose des AGR-Systems ist die Schubdiagnose, wobei im Schubbetrieb das AGR-Ventil gezielt geöffnet und der sich einstellende Saugrohrdruck beobachtet wird. Mit einem modellierten AGR-Massenstrom wird ein modellierter Saugrohrdruck ermittelt und dieser mit dem gemessenen Saugrohrdruck verglichen. Über diesen Vergleich kann das AGR-System bewertet werden.

Diagnose der Kurbelgehäuseentlüftung

Das so genannte „Blow-by-Gas", welches durch Leckageströme zwischen Kolben, Kolbenringen und Zylinder in das Kurbelgehäuse einströmt, muss aus dem Kurbelgehäuse abgeführt werden. Dies ist die Aufgabe der Kurbelgehäuseentlüftung (PCV, Positive Crankcase Ventilation). Die mit Abgasen angereicherte Luft wird in einem Zyklonabscheider von Ruß gereinigt und über ein PCV-Ventil in das Saugrohr geleitet, sodass die Kohlenwasserstoffe wieder der Verbrennung zugeführt werden. Die Diagnose muss Fehler infolge von Schlauchabfall zwischen dem Kurbelgehäuse und dem PCV-Ventil oder zwischen dem PCV-Ventil und dem Saugrohr erkennen.

Ein mögliches Diagnoseprinzip beruht auf der Messung der Leerlaufdrehzahl, die bei Öffnung des PCV-Ventils ein bestimmtes Verhalten zeigen sollte, das mit einem Modell gerechnet wird. Bei einer zu großen Abweichung der beobachteten Leerlaufdrehzahländerung vom modellierten Verhalten wird auf ein Leck geschlossen. Auf Antrag bei der Behörde kann auf eine Diagnose verzichtet werden, wenn der Nachweis erbracht wird, dass ein Schlauchabfall durch geeignete konstruktive Maßnahmen ausgeschlossen werden kann.

Diagnose des Motorkühlungssystems

Das Motorkühlsystem besteht aus einem kleinen und einem großen Kreislauf, die durch ein Thermostatventil verbunden sind. Der kleine Kreislauf wird in der Startphase zur schnellen Aufheizung des Motors verwendet und durch Schließen des Thermostatventils geschaltet. Bei einem defekten oder offen festsitzenden Thermostaten wird der Kühlmitteltemperaturanstieg verzögert – besonders bei niedrigen Umgebungstemperaturen – und führt zu erhöhten Emissionen. Die Thermostatüberwachung soll daher eine Verzögerung in der Aufwärmung der Motorkühlflüssigkeit detektieren. Dazu wird zuerst der Temperatursensor des Systems und darauf basierend das Thermostatventil getestet.

Diagnose zur Überwachung der Aufheizmaßnahmen

Um eine hohe Konvertierungsrate zu erreichen, benötigt der Katalysator eine Betriebstemperatur von 400...800 °C. Noch höhere Temperaturen können allerdings seine Beschichtung zerstören. Ein Katalysator mit optimaler Betriebstemperatur reduziert die Motorabgasemissionen um mehr als 99 %. Bei niedrigeren Temperaturen sinkt der Wirkungsgrad, sodass ein kalter Katalysator fast keine Konvertierung zeigt. Zur Einhaltung der Abgasemissionsvorschriften ist darum eine schnelle Aufwärmung des Katalysators mittels einer speziellen Katalysatorheizstrategie notwendig. Bei einer Katalysatortemperatur von 200...250 °C (Light-Off-Temperatur, ungefähr 50 % Konvertierungsgrad) wird diese Aufwärmphase beendet. Der Katalysator wird jetzt durch die exothermen Konvertierungsreaktionen von selbst aufgeheizt.

Beim Start des Motors kann der Katalysator durch zwei Vorgänge schneller aufgeheizt werden: Durch eine spätere Zündung des Kraftstoffgemischs wird ein heißeres Abgas erzeugt. Außerdem heizt sich durch die katalytischen Reaktionen des unvollständig verbrannten Kraftstoffs im Abgaskrümmer oder im Katalysator dieser selbst auf. Weitere unterstützende Maßnahmen sind z. B. die Erhöhung der Leerlauf-Drehzahl oder ein veränderter Nockenwellenwinkel. Diese Aufheizung hat zur Folge, dass der Katalysator schneller seine Betriebstemperatur erreicht und die Abgasemissionen früher absinken.

Das Gesetz (CARB OBD II) verlangt für einen einwandfreien Ablauf der Konvertierung eine Überwachung der Aufheizphase. Die Aufheizung kann durch eine Überwachung und Auswertung von Aufwärmparametern wie z. B. Zündwinkel, Drehzahl oder Frischluftmasse kontrolliert werden. Weiterhin werden die für die Aufheizmaßnahmen wichtigen Komponenten gezielt in dieser Zeit überwacht (z. B. die Nockenwellen-Position).

Diagnose des variablen Ventiltriebs

Zur Senkung des Kraftstoffverbrauchs und der Abgasemissionen wird teilweise der variable Ventiltrieb eingesetzt. Der Ventiltrieb ist bezüglich Systemfehler zu überwachen. Hierzu wird die Position der Nockenwelle anhand des Phasengebers gemessen und ein Soll-Ist-Vergleich durchgeführt. Für den CARB-Markt ist die Erkennung eines verzögerten Einregelns des Stellglieds auf den Sollwert („Slow Response") sowie die Überwachung auf eine bleiben Abweichung vom Sollwert („Target Error") vorgeschrieben. Zusätzlich sind alle elektrischen Komponenten (z. B. der Phasengeber) gemäß der Anforderungen an Comprehensive Components zu diagnostizieren.

Comprehensive Components: Diagnose von Sensoren

Neben den zuvor aufgeführten spezifischen Diagnosen, die in der kalifornischen Gesetzgebung explizit gefordert und in eigenen Abschnitten separat beschrieben werden, müssen auch sämtliche Sensoren und Aktoren (wie z. B. die Drosselklappe oder die Hochdruckpumpe) überwacht werden, wenn ein Fehler dieser Bauteile entweder Einfluss auf die Emissionen hat oder aber andere Diagnosen negativ beeinflusst. Sensoren müssen überwacht werden auf:

- elektrische Fehler, d. h. Kurzschlüsse und Leitungsunterbrechungen (Signal Range Check),
- Bereichsfehler (Out of Range Check), d. h. Über- oder Unterschreitung der vom physikalischem Messbereich des Sensors festgelegten Spannungsgrenzen,
- Plausibilitätsfehler (Rationality Check); dies sind Fehler, die in der Komponente selbst liegen (z. B. Drift) oder z. B. durch Nebenschlüsse hervorgerufen werden können. Zur Überwachung werden die Sensorsignale entweder mit einem Modell oder direkt mit anderen Sensoren plausibilisiert.

Elektrische Fehler

Der Gesetzgeber versteht unter elektrischen Fehlern Kurzschluss nach Masse, Kurzschluss gegen Versorgungsspannung oder Leitungsunterbrechung.

Überprüfung auf Bereichsfehler

Üblicherweise haben Sensoren eine festgelegte Ausgangskennlinie, oft mit einer unteren und oberen Begrenzung; d. h. der physikalische Messbereich des Sensors wird auf eine Ausgangsspannung, z. B. im Bereich von 0,5...4,5 V, abgebildet. Ist die vom Sensor abgegebene Ausgangsspannung außerhalb dieses Bereichs, so liegt ein Bereichsfehler vor.

Das heißt, die Grenzen für diese Prüfung („Range Check") sind für jeden Sensor spezifische, feste Grenzen, die nicht vom aktuellen Betriebszustand des Motors abhängen. Sind bei einem Sensor elektrische Fehler von Bereichsfehlern nicht unterscheidbar, so wird dies vom Gesetzgeber akzeptiert.

Plausibilitätsfehler

Als Erweiterung im Sinne einer erhöhten Sensibilität der Sensor-Diagnose fordert der Gesetzgeber über den Bereichsfehler hinaus die Durchführung von Plausibilitätsprüfungen (sogenannte „Rationality Checks"). Kennzeichen einer solchen Plausibilitätsprüfung ist, dass die momentane Ausgangsspannung des Sensors nicht – wie bei der Bereichsprüfung – mit festen Grenzen verglichen wird, sondern mit Grenzen, die aufgrund des momentanen Betriebszustands des Motors eingeengt sind. Dies bedeutet, dass für diese Prüfung aktuelle Informationen aus der Motorsteuerung herangezogen werden müssen. Solche Prüfungen können z. B. durch Vergleich der Sensorausgangsspannung mit einem Modell oder aber durch Quervergleich mit einem anderen Sensor realisiert sein. Das Modell gibt dabei für jeden Betriebszustand des Motors einen bestimmten Erwartungsbereich für die modellierte Größe an.

Um bei Vorliegen eines Fehlers die Reparatur so zielführend und einfach wie möglich zu gestalten, soll zunächst die schadhafte Komponente so eindeutig wie möglich identifiziert werden. Darüber hinaus sollen die genannten Fehlerarten untereinander und – bei Bereichs- und Plausibilitätsprüfung – auch nach Überschreitungen der unteren bzw. oberen Grenze getrennt unterschieden werden. Bei elektrischen Fehlern oder Bereichsfehlern kann meist auf ein Verkabelungsproblem geschlossen werden, während das Vorliegen eines Plausibilitätsfehlers eher auf einen Fehler der Komponente selbst deutet.

Während die Prüfung auf elektrische Fehler und Bereichsfehler kontinuierlich erfolgen muss, müssen die Plausibilitätsfehler mit einer bestimmten Mindesthäufigkeit im Alltag ablaufen. Zu den solchermaßen zu überwachenden Sensoren gehören:

- der Luftmassenmesser,
- diverse Drucksensoren (Saugrohrdruck, Umgebungsdruck, Tankdruck),
- der Drehzahlsensor für die Kurbelwelle,
- der Phasensensor,
- der Ansauglufttemperatursensor,
- der Abgastemperatursensor.

Diagnose des Heißfilm-Luftmassenmessers

Nachfolgend wird am Beispiel des Heißfilm-Luftmassenmessers (HFM) die Diagnose beschrieben. Der Heißfilm-Luftmassenmesser, der zur Erfassung der vom Motor angesaugten Luft und damit zur Berechnung der einzuspritzenden Kraftstoffmenge dient, misst die angesaugte Luftmasse und gibt diese als Ausgangsspannung an die Motorsteuerung weiter. Die Luftmassen verändern sich durch unterschiedliche Drosseleinstellung oder Motordrehzahl. Die Diagnose überwacht nun, ob die Ausgangsspannung des Sensors bestimmte (applizierbare, feste) untere oder obere Grenzen überschreitet und gibt in diesem Fall einen Bereichsfehler aus. Durch Vergleich des aktuellen Werts der vom Heißfilm-Luftmassenmesser angegebenen Luftmasse mit der Stellung der Drosselklappe kann – abhängig vom aktuellen Betriebszustand des Motors – auf einen Plausibilitätsfehler geschlossen werden, wenn der Unterschied der beiden Signale größer als eine bestimmte Toleranz ist. Ist beispielweise die Drosselklappe ganz geöffnet, aber der Heißfilm-Luftmassenmesser zeigt die bei Leerlauf angesaugte Luftmasse an, so ist dies ein Plausibilitätsfehler.

Comprehensive Components: Diagnose von Aktoren

Aktoren müssen auf elektrische Fehler und – falls technisch machbar – funktional überwacht werden. Funktionale Überwachung bedeutet hier, dass die Umsetzung eines gegebenen Stellbefehls (Sollwert) überwacht wird, indem die Systemreaktion (der Istwert) in geeigneter Weise durch Informationen aus dem System überprüft wird, z. B. durch einen Lagesensor. Das heißt, es werden – vergleichbar mit der Plausibilitätsdiagnose bei Sensoren – weitere Informationen aus dem System zur Beurteilung herangezogen.
Zu den Aktoren gehören u. a.:

- sämtliche Endstufen,
- die elektrisch angesteuerte Drosselklappe,
- das Tankentlüftungsventil,
- das Aktivkohleabsperrventil.

Diagnose der elektrisch angesteuerten Drosselklappe
Für die Diagnose der Drosselklappe wird geprüft, ob eine Abweichung zwischen dem zu setzenden und dem tatsächlichen Winkel besteht. Ist diese Abweichung zu groß, wird ein Drosselklappenantriebsfehler festgestellt.

Diagnose in der Werkstatt

Aufgabe der Diagnose in der Werkstatt ist die schnelle und sichere Lokalisierung der kleinsten austauschbaren Einheit. Bei den heutigen modernen Motoren ist dabei der Einsatz eines im allgemeinen PC-basierten Diagnosetesters in der Werkstatt unumgänglich. Generell nutzt die Werkstatt-Diagnose hierbei die Ergebnisse der Diagnose im Fahrbetrieb (Fehlerspeichereinträge der On-Board-Diagnose). Da jedoch nicht jedes spürbare Symptom am Fahrzeug zu einem Fehlerspeichereintrag führt und nicht alle Fehlerspeichereintrage eindeutig auf eine ursächliche Komponente zeigen, werden weitere spezielle Werkstattdiagnosemodule und zusätzliche Prüf- und Messgeräte in der Werkstatt eingesetzt. Werkstattdiagnosefunktionen werden durch den Werkstatttester gestartet und unterscheiden sich hinsichtlich ihrer Komplexität, Diagnosetiefe und Eindeutigkeit. In aufsteigender Reihenfolge sind dies:

- Ist-Werte-Auslesen und Interpretation durch den Werkstattmitarbeiter,
- Aktoren-Stellen und subjektive Bewertung der jeweiligen Auswirkung durch den Werkstattmitarbeiter,
- automatisierte Komponententests mit Auswertung durch das Steuergerät oder den Diagnosetester,
- komplexe Subsystemtests mit Auswertung durch das Steuergerät oder den Diagnosetester.

Beispiele für diese Komponenten- und Subsystemtests werden im Folgenden beschrieben. Alle für ein Fahrzeugprojekt vorhandenen Diagnosemodule werden im Diagnosetester in eine geführte Fehlersuche integriert.

Geführte Fehlersuche

Wesentliches Element der Werkstattdiagnose ist die geführte Fehlersuche. Der Werkstattmitarbeiter wird ausgehend vom Symptom (fehlerhaftes Fahrzeugverhalten, welches vom Fahrer wahrgenommen wird) oder vom Fehlerspeichereintrag mit Hilfe eines ergebnisgesteuerten Ablaufs durch die Fehlerdiagnose geführt. Die geführte Fehlersuche verknüpft hierbei alle vorhandenen Diagnosemöglichkeiten zu einem zielgerichteten Fehlersuchablauf. Hierzu gehören Symptombeschreibungen des Fahrzeughalters, Fehlerspeichereinträge der On-Board-Diagnose, Werkstattdiagnosemodule im Steuergerät und im Diagnosetester sowie externe Prüfgeräte und Zusatzsensorik. Alle Werkstattdiagnosemodule können nur bei verbundenem Diagnosetester und im Allgemeinen nur bei stehendem Fahrzeug genutzt werden. Die Überwachung der Betriebsbedingungen erfolgt im Steuergerät.

Auslesen und Löschen der Fehlerspeichereinträge

Alle während des Fahrbetriebs auftretenden Fehler werden gemeinsam mit vorab definierten und zum Zeitpunkt des Auftretens herrschenden Umgebungsbedingungen im Steuergerät gespeichert. Diese Fehlerspeicherinformationen können über eine Diagnosesteckdose (gut zugänglich vom Fahrersitz aus erreichbar) von frei verkäuflichen Scan-Tools oder Diagnosetestern ausgelesen und gelöscht werden. Die Diagnosesteckdose und die auslesbaren Parameter sind standardisiert. Es existieren aber unterschiedliche Übertragungsprotokolle (SAE J1850 VPM und PWM, ISO 1941-2, ISO 14230-4) die jedoch durch unterschiedliche Pinbelegung im Diagnosestecker (siehe Bild 12) codiert sind. Seit 2008 ist nach der CARB-Gesetzgebung und ab 2014 nach der EU-Gesetzgebung nur noch die Diagnose über CAN (ISO-15765) erlaubt.

Neben dem Auslesen und Löschen des Fehlerspeichers existieren weitere Betriebsarten in der Kommunikation zwischen Diagnosetester und Steuergerät, die in Tabelle 2 aufgezählt werden.

12 Pinbelegung eines vorgeschriebenen 16-poligen Diagnosesteckers

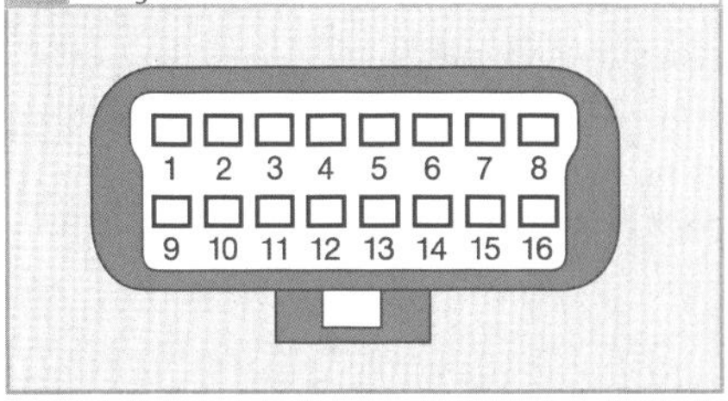

1 2 3 4 5 6 7 8
9 10 11 12 13 14 15 16

Bild 12
2, 10 Datenübertragung nach SAE J 1850,
7, 15 Datenübertragung nach DIN ISO 9141-2 oder 14 230-4,
4 Fahrzeugmasse,
5 Signalmasse,
6 CAN-High-Leitung,
14 CAN-Low-Leitung,
14 Batterie-Plus,
1, 3, 8, 9, 11, 12, 13 nicht von OBD belegt

Werkstattdiagnosemodule

Im Steuergerät integrierte Diagnosemodule laufen nach dem Start durch den Diagnosetester autark im Steuergerät ab und melden nach Beendigung das Ergebnis an den Diagnosetester zurück. Gemeinsam für alle Module ist, dass sie das zu diagnostizierende Fahrzeug in der Werkstatt in vorbestimmte lastlose Betriebspunkte versetzen, verschiedenen Aktorenanregungen aufprägen und Ergebnisse von Sensoren eigenständig mit einer vorgegebenen Auswertelogik auswerten können. Ein Beispiel für einen Subsystemtest ist der BDE-Systemtest (Benzin-Direkt-Einspritzung). Als Komponententests werden im Folgenden der Kompressionstest, die Separierung zwischen Gemisch und λ-Sonden-Fehlern sowie von Zündungs- und Mengenfehlern vorgestellt.

BDE-Systemtest

Der BDE-Systemtest dient der Überprüfung des gesamten Kraftstoffsystems bei Motoren mit Benzin-Direkt-Einspritzung und wird bei den Symptomen „Motorkontrollleuchte an", „verminderte Leistung" und „unrunder Motorlauf" angewendet. Erkennbare Fehler

Service-Nummer	Funktion
$01	Auslesen der aktuellen Istwerte des Systems (z. B. Messwerte der Drehzahl und der Temperatur)
$02	Auslesen der Umweltbedingungen (Freeze Frame), die während des Auftretens des Fehlers vorgeherrscht haben
$03	Fehlerspeicher auslesen. Es werden die abgasrelevanten und bestätigten Fehlercodes ausgelesen
$04	Löschen des Fehlercodes im Fehlerspeicher und Zurücksetzen der begleitenden Information
$05	Anzeigen von Messwerten und Schwellen der λ-Sonden
$06	Anzeigen von Messwerten von nicht kontinuierlich überwachten Systemen (z. B. Katalysator)
$07	Fehlerspeicher auslesen. Hier werden die noch nicht bestätigten Fehlercodes ausgelesen
$08	Testfunktionen anstoßen (fahrzeughersteller-spezifisch)
$09	Auslesen von Fahrzeuginformationen
$0A	Auslesen von permanent gespeicherten Fehlerspeichereinträgen

Tabelle 2
Betriebsarten des Diagnosetesters (CARB-Umfang).
Service $05 gemäß SAE J1979 ist bei Fahrzeugen mit CAN-Protokoll nicht verfügbar: der Ausgabeumfang von Service $05 ist bei Fahrzeugen mit CAN-Protokoll z. T. im Service $06 enthalten.

im Niederdrucksystem sind Leckagen und defekte Kraftstoffpumpen. Im Hochdrucksystem werden Defekte an der Hochdruckpumpe, am Injektor und am Hochdrucksensor erkannt. Zur Bestimmung der defekten Komponente werden während des Tests bestimmte Merkmale extrahiert und die Über- oder Unterschreitung von Sollwerten in eine Matrix eingetragen. Der Mustervergleich mit bekannten Fehlern führt dann zur eindeutigen Identifizierung. Verschiedene auszuwertende Merkmale sind in Bild 13 gezeigt. Der Test bietet die Vorteile, dass ohne Öffnen des Kraftstoffsystems und ohne zusätzliche Messtechnik in sehr kurzer Zeit Ergebnisse vorliegen. Da der Vergleich der Merkmale in der Matrix im Tester durchgeführt wird, können Anpassungen im Fahrzeug-Projekt auch nach Serieneinführungen erfolgen.

Kompressionstest

Der Kompressionstest wird zur Beurteilung der Kompression einzelner Zylinder bei den Symptomen „Leistungsmangel“ und „unrunder Motorlauf im Leerlauf“ angewendet. Der Test erkennt eine reduzierte Kompression durch mechanische Defekte am Zylinder, wie z. B. undichte Kompressionsringe. Das physikalische Wirkprinzip ist ein relativer Vergleich der Zahnzeiten (Intervall von 6° des Kurbelwellengeberrades) der einzelnen Zylinder vor und nach dem oberen Totpunkt (OT). Während des Tests wird der Motor ausschließlich durch den elektrischen Starter gedreht, um Auswirkungen durch einen eventuell unterschiedlichen Momentenbeitrag der einzelnen Zylinder durch die Verbrennung auszuschließen.

Die Vorteile dieses Tests liegen in einer sehr kurzen Messzeit ohne Adaption von externen Messmitteln. Er funktioniert jedoch nur bei Motoren mit mehr als zwei Zylindern, da sonst die Möglichkeit eines relativen Vergleichs der Zylinderdrehzahlen nicht mehr gegeben ist. Bei dem Symptom „unrunder Motorlauf, Motor schüttelt“ wird der Kompressionstest oft vor spezifischen Tests des Einspritzsystems durchgeführt, um ne-

13 Ablauf eines BDE-Systemtests

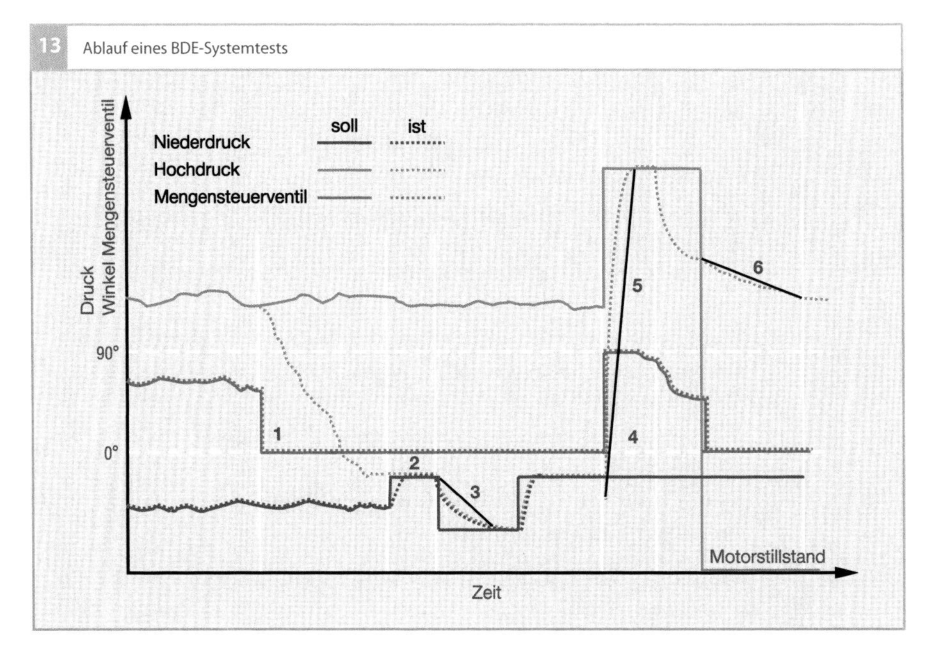

Bild 13
1 Mengensteuerventil geöffnet
2 Maximaler Niederdruck
3 Niederdruckabbaugradient
4 Mengensteuerventil im Regelmodus
5 Hochdruck-Druckaufbaugradient
6 Hochdruck-Druckabbaugradient

gative Auswirkungen durch die Motormechanik ausschließen zu können.

Separierung von Zündungs- und Mengenfehlern

Der Test „Separierung von Zündungs- und Mengenfehlern" wird zur Unterscheidung von Fehlern im Zündsystem oder bei den Einspritzventilen (Ventil klemmt, Mehr- oder Mindermenge) bei dem Symptom „Motoraussetzer" und „unrunder Motorlauf" angewendet. In einem ersten Testschritt wird bewusst die Einspritzung auf einem Zylinder unterdrückt und die Auswirkung auf das λ-Sonden-Signal bewertet. In einem zweiten Schritt wird die Einspritzmenge auf einem Zylinder in Abhängigkeit vom λ-Wert rampenförmig erhöht oder vermindert. Während des zweiten Schritts werden die Laufunruhewerte beurteilt. Durch die Kombination der Ergebnisse des λ-Sonden-Signals und der Laufunruhe kann eine eindeutige Unterscheidung zwischen Fehlern im Zündsystem und Fehlern bei den Einspritzventilen getätigt werden. In Bild 14 ist beispielhaft der zeitliche Verlauf bei einem Mehrmengenfehler an einem Einspritzventil dargestellt. Die Vorteile dieses Tests liegen in einer sehr kurzen Messzeit ohne aufwendigen Teiletausch bei Aussetzerfehlern auf einzelnen Zylindern.

Separierung von Gemisch- und λ-Sonden-Fehlern

Der Test „Separierung von Gemisch- und λ-Sonden-Fehlern" wird zur Unterscheidung von Gemischfehlern und Offset-Fehlern der λ-Sonde bei den Symptomen „Motorkontrollleuchte an" genutzt. Während des Tests wird das Luft-Kraftstoff-Gemisch zuerst in der Nähe des Luftverhältnisses $\lambda = 1$ eingestellt, danach wird das Gemisch abhängig vom Kraftstoffkorrekturfaktor leicht angefettet oder abgemagert. Durch parallele Messung der beiden λ-Sonden-Signale und gegenseitige Plausibilisierung kann zwischen Gemischfehlern und Fehlern der λ-Sonden vor dem Katalysator unterschieden werden. Die Vorteile dieses Tests liegen in einer sehr kurzen Messzeit ohne die Notwendigkeit zum Sondenausbau.

Stellglied-Diagnose

Um in den Kundendienstwerkstätten einzelne Stellglieder (Aktoren) aktivieren und deren Funktionalität prüfen zu können, ist im Steuergerät eine Stellglied-Diagnose enthalten. Über den Diagnosetester kann hiermit die Position von vordefinierten Aktoren verändert werden. Der Werkstattmitarbeiter kann dann die entsprechenden Auswirkungen akustisch (z. B. Klicken des Ventils), optisch (z. B. Bewegung einer Klappe) oder durch andere Methoden, wie die Messung von elektrischen Signalen, überprüfen.

Externe Prüfgeräte und Sensorik

Die Diagnosemöglichkeiten in der Werkstatt werden durch Nutzung von Zusatzsensorik (z. B. Strommesszange, Klemmdruckgeber) oder Prüfgeräte (z. B. Bosch-Fahrzeugsystemanalyse) erweitert. Die Geräte werden im Fehlerfall in der Werkstatt an das Fahrzeug adaptiert. Die Bewertung der Messergebnisse erfolgt im Allgemeinen über den Diagnosetester. Mit evtl. vorhandenen Multimeterfunktionen des Diagnosetesters können elektrische Ströme, Spannungen und Widerstände gemessen werden. Ein integriertes Oszilloskop erlaubt darüber hinaus, die Signalverläufe der Ansteuersignale für die Aktoren zu überprüfen. Dies ist insbesondere für Aktoren relevant, die in der Stellglied-Diagnose nicht überprüft werden.

14 Zeitlicher Ablauf des Tests „Separierung von Mengen- und Zündungsfehlern".

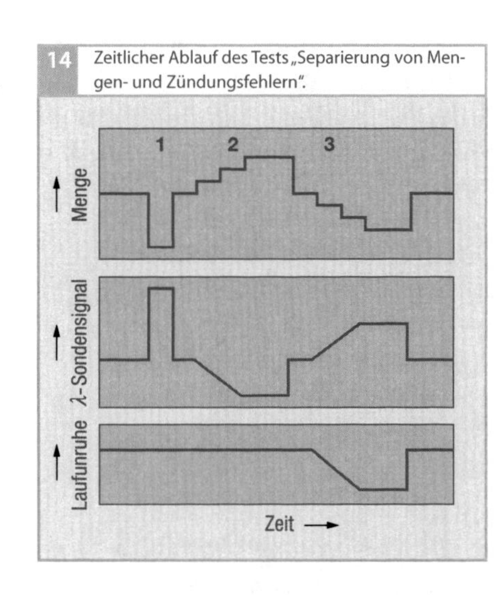

Bild 14
1 Einspritzung deaktiviert
2 positive Mengenrampe
3 negative Mengenrampe

Die Laufunruhe betrifft den systematischen Verlauf bei einer Mehrmenge.

Verständnisfragen

Die Verständnisfragen dienen dazu, den Wissensstand zu überprüfen. Die Antworten zu den Fragen finden sich in den Abschnitten, auf die sich die jeweilige Frage bezieht. Daher wird hier auf eine explizite „Musterlösung" verzichtet. Nach dem Durcharbeiten des vorliegenden Teils des Fachlehrgangs sollte man dazu in der Lage sein, alle Fragen zu beantworten. Sollte die Beantwortung der Fragen schwer fallen, so wird die Wiederholung der entsprechenden Abschnitte empfohlen.

1. Wie arbeitet ein Ottomotor?
2. Wie ist das Luftverhältnis definiert?
3. Wie erfolgt die Zylinderfüllung?
4. Wie wird die Luftfüllung gesteuert?
5. Wie wird die Füllung erfasst?
6. Welche Arten der Verbrennung gibt es? Wie sind sie charakterisiert?
7. Wie wird das Drehmoment und die Leistung berechnet?
8. Welche Bedeutung hat der spezifische Kraftstoffverbrauch?
9. Welche Abgangsemissionen und Schadstoffe gibt es?
10. Welche Einflüsse auf die Rohemissionen gibt es?
11. Wie erfolgt die katalytische Abgasreinigung?
12. Welche Katalysator-Heizkonzepte gibt es und wie funktionieren sie?
13. Wie ist ein λ-Regelkreis aufgebaut und wie funktioniert er?
14. Wie wird ein Speicherkatalysator geregelt?
15. Wie ist ein Dreiwegekatalysator aufgebaut und wie arbeitet er?
16. Wie sind die Betriebsbedingungen eines Katalysators?
17. Was ist die Aufgabe eines Speicherkatalysators, wie ist dieser aufgebaut und wie arbeitet er?
18. Welche alternativen Abgasnachbehandlungssysteme gibt es, wie sind sie aufgebaut und wie arbeiten sie?
19. Was sind die Ziele der Emissionsgesetzgebung?
20. Welche Prüfverfahren gibt es?
21. Welche Emissionen werden in der Gesetzgebung begrenzt?
22. Wie wird die Serienproduktion überprüft und wie geschieht die Feldüberwachung?
23. Wie werden die Verdunstungsemissionen reglementiert?
24. Welche Vorschriften gelten für den Verbrauch in den verschiedenen Emissionsgesetzgebungen?
25. Welche Testzyklen gibt es und wodurch sind sie charakterisiert?
26. Wie erfolgt die Abgasprüfung auf dem Rollenprüfstand?
27. Welche Abgas-Messgeräte gibt es und wie funktionieren sie?
28. Was ist eine On-Board-Diagnose und wie funktioniert sie?
29. Wie funktioniert die Diagnose in der Werkstatt?

Abkürzungsverzeichnis

A

ABB	Air System Brake Booster, Bremskraftverstärkersteuerung
ABC	Air System Boost Control, Ladedrucksteuerung
ABS	Antiblockiersystem
AC	Accessory Control, Nebenaggregatesteuerung
ACA	Accessory Control Air Condition, Klimasteuerung
ACC	Adaptive Cruise Control, Adaptive Fahrgeschwindigkeitsregelung
ACE	Accessory Control Electrical Machines, Steuerung elektrische Aggregate
ACF	Accessory Control Fan Control, Lüftersteuerung
ACS	Accessory Control Steering, Ansteuerung Lenkhilfepumpe
ACT	Accessory Control Thermal Management, Thermomanagement
ADC	Air System Determination of Charge, Luftfüllungsberechnung
ADC	Analog Digital Converter, Analog-Digital-Wandler
AEC	Air System Exhaust Gas Recirculation, Abgasrückführungssteuerung
AGR	Abgasrückführung
AIC	Air System Intake Manifold Control, Saugrohrsteuerung
AKB	Aktivkohlebehälter
AKF	Aktivkohlefalle (activated carbon canister)
AKF	Aktivkohlefilter
A_K	Lichte Kolbenfläche
α	Drosselklappenwinkel
Al_2O_3	Aluminiumoxid
AMR	Anisotrop Magneto Resistive
AÖ	Auslassventil Öffnen
APE	Äußere-Pumpen-Elektrode
AS	Air System, Luftsystem
AS	Auslassventil Schließen
ASAM	Association of Standardization of Automation and Measuring, Verein zur Förderung der internationalen Standardisierung von Automatisierungs- und Messsystemen
ASIC	Application Specific Integrated Circuit, anwendungsspezifische integrierte Schaltung
ASR	Antriebsschlupfregelung
ASV	Application Supervisor, Anwendungssupervisor
ASW	Application Software, Anwendungssoftware
ATC	Air System Throttle Control, Drosselklappensteuerung
ATL	Abgasturbolader
AUTOSAR	Automotive Open System Architecture, Entwicklungspartnerschaft zur Standardisierung der Software Architektur im Fahrzeug
AVC	Air System Valve Control, Ventilsteuerung

B

BDE	Benzin Direkteinspritzung
b_e	spezifischer Kraftstoffverbrauch
BMD	Bag Mini Diluter
BSW	Basic Software, Basissoftware

C

C/H	Verhältnis Kohlenstoff zu Wasserstoff im Molekül
C_2	Sekundärkapazität
C_6H_{14}	Hexan
CAFE	Corporate Average Fuel Economy
CAN	Controller Area Network
CARB	California Air Resources Board
CCP	CAN Calibration Protocol, CAN-Kalibrierprotokoll

CDrv	Complex Driver, Treibersoftware mit exklusivem Hardware Zugriff
CE	Coordination Engine, Koordination Motorbetriebszustände und -arten
CEM	Coordination Engine Operation, Koordination Motorbetriebsarten
CES	Coordination Engine States, Koordination Motorbetriebszustände
CFD	Computational Fluid Dynamics
CFV	Critical Flow Venturi
CH_4	Methan
CIFI	Zylinderindividuelle Einspritzung, Cylinder Individual Fuel Injection
CLD	Chemilumineszenz-Detektor
CNG	Compressed Natural Gas, Erdgas
CO	Communication, Kommunikation
CO	Kohlenmonoxid
CO_2	Kohlendioxid
COP	Coil On Plug
COS	Communication Security Access, Kommunikation Wegfahrsperre
COU	Communication User Interface, Kommunikationsschnittstelle
COV	Communication Vehicle Interface, Datenbuskommunikation
cov	Variationskoeffizient
CPC	Condensation Particulate Counter
CPU	Central Processing Unit, Zentraleinheit
CTL	Coal to Liquid
CVS	Constant Volume Sampling
CVT	Continuously Variable Transmission

D

DB	Diffusionsbarriere
DC	direct current, Gleichstrom
DE	Device Encapsulation, Treibersoftware für Sensoren und Aktoren
DFV	Dampf-Flüssigkeits-Verhältnis
DI	Direct Injection, Direkteinspritzung
DMS	Differential Mobility Spectrometer
DoE	Design of Experiments, statistische Versuchsplanung
DR	Druckregler
3D	dreidimensional
DS	Diagnostic System, Diagnosesystem
DSM	Diagnostic System Manager, Diagnosesystemmanager
DV, E	Drosselvorrichtung, elektrisch

E

E0	Benzin ohne Ethanol-Beimischung
E10	Benzin mit bis zu 10 % Ethanol-Beimischung
E100	reines Ethanol mit ca. 93 % Ethanol und 7 % Wasser
E24	Benzin mit ca. 24 % Ethanol-Beimischung
E5	Benzin mit bis zu 5 % Ethanol-Beimischung
E85	Benzin mit bis zu 85 % Ethanol-Beimischung
EA	Elektrodenabstand
EAF	Exhaust System Air Fuel Control, λ-Regelung
ECE	Economic Commission for Europe
ECT	Exhaust System Control of Temperature, Abgastemperaturregelung
ECU	Electronic Control Unit, elektronisches Steuergerät

ECU	Electronic Control Unit, Motorsteuergerät
eCVT	electrical Continuously Variable Transmission
EDM	Exhaust System Description and Modeling, Beschreibung und Modellierung Abgassystem
EEPROM	Electrically Erasable Programmable Read Only Memory, löschbarer programmierbarer Nur-Lese-Speicher
E_F	Funkenenergie
EFU	Einschaltfunkenunterdrückung
EGAS	Elektronisches Gaspedal
1D	eindimensional
EKP	Elektrische Kraftstoffpumpe
ELPI	Electrical Low Pressure Impactor
EMV	Elektromagnetische Verträglichkeit
ENM	Exhaust System NO_x Main Catalyst, Regelung NO_x-Speicherkatalysator
EÖ	Einlassventil Öffnen
EOBD	European On Board Diagnosis – Europäische On-Board-Diagnose
EOL	End of Line, Bandende
EPA	US Environmental Protection Agency
EPC	Electronic Pump Controller, Pumpensteuergerät
EPROM	Erasable Programmable Read Only Memory, löschbarer und programmierbarer Festwertspeicher
ε	Verdichtungsverhältnis
ES	Exhaust System, Abgassystem
ES	Einlass Schließen
ESP	Elektronisches Stabilitäts-Programm
η_{th}	Thermischer Wirkungsgrad
ETBE	Ethyltertiärbutylether
ETF	Exhaust System Three Way Front Catalyst, Regelung Drei-Wege-Vorkatalysator
ETK	Emulator Tastkopf
ETM	Exhaust System Main Catalyst, Regelung Drei-Wege-Hauptkatalysator
EU	Europäische Union
(E)UDC	(extra) Urban Driving Cycle
EV	Einspritzventil
E*xy*	Ethanolhaltiger Ottokraftstoff mit xy % Ethanol
EZ	Elektronische Zündung
EZ	Energie im Funkendurchbruch

F

FEL	Fuel System Evaporative Leak Detection, Tankleckerkennung
FEM	Finite Elemente Methode
FF	Flexfuel
FFC	Fuel System Feed Forward Control, Kraftstoff-Vorsteuerung
FFV	Flexible Fuel Vehicles
FGR	Fahrgeschwindigkeitsregelung
FID	Flammenionisations-Detektor
FIT	Fuel System Injection Timing, Einspritzausgabe
FLO	Fast-Light-Off
FMA	Fuel System Mixture Adaptation, Gemischadaption
FPC	Fuel Purge Control, Tankentlüftung
FS	Fuel System, Kraftstoffsystem
FSS	Fuel Supply System, Kraftstoffversorgungssystem
FT	Resultierende Kraft
FTIR	Fourier-Transform-Infrarot
FTP	Federal Test Procedure
FTP	US Federal Test Procedure
F_z	Kolbenkraft des Zylinders

G

GC	Gaschromatographie
g/kWh	Gramm pro Kilowattstunde
°KW	Grad Kurbelwelle

H

H_2O	Wasser, Wasserdampf
HC	Hydrocabons, Kohlenwasserstoffe
HCCI	Homogeneous Charge Compression Ignition
HD	Hochdruck
HDEV	Hochdruck Einspritzventil
HDP	Hochdruckpumpe
HEV	Hybrid Electric Vehicle
HFM	Heißfilm-Luftmassenmesser
HIL	Hardware in the Loop, Hardware-Simulator
HLM	Hitzdraht-Luftmassenmesser
H_o	spezifischer Brennwert
H_u	spezifischer Heizwert
HV	high voltage
HVO	Hydro-treated-vegetable oil
HWE	Hardware Encapsulation, Hardware Kapselung

I

i_1	Primärstrom
IC	Integrated Circuit, integrierter Schaltkreis
i_F	Funken(anfangs)strom
IGC	Ignition Control, Zündungssteuerung
IKC	Ignition Knock Control, Klopfregelung
i_N	Nennstrom
IPE	Innere Pumpen Elektrode
IR	Infrarot
IS	Ignition System, Zündsystem
ISO	International Organisation for Standardization, Internationale Organisation für Normung
IUMPR	In Use Monitor Performance Ratio, Diagnosequote im Fahrzeugbetrieb
IUPR	In Use Performance Ratio
IZP	Innenzahnradpumpe

J

JC08	Japan Cycle 2008

K

κ	Polytropenexponent
Kfz	Kraftfahrzeug
kW	Kilowatt

L

λ	Luftzahl oder Luftverhältnis
L_1	Primärinduktivität
L_2	Sekundärinduktivität
LDT	Light Duty Truck, leichtes Nfz
LDV	Light Duty Vehicle, Pkw
LEV	Low Emission Vehicle
LIN	Local Interconnect Network
l_l	Schubstangenverhältnis (Verhältnis von Kurbelradius *r* zu Pleuellänge *l*)
LPG	Liquified Petroleum Gas, Flüssiggas
LPV	Low Price Vehicle
LSF	λ-Sonde flach
LSH	λ-Sonde mit Heizung
LSU	Breitband-λ-Sonde
LV	Low Voltage

M

(M)NEFZ	(modifizierter) Neuer Europäischer Fahrzyklus
M100	Reines Methanol
M15	Benzin mit Methanolgehalt von max. 15 %
MCAL	Microcontroller Abstraction Layer
M_d	Das effektive Drehmoment an der Kurbelwelle
ME	Motronic mit integriertem EGAS
Mi	Innerer Drehmoment
Mk	Kupplungsmoment
m_K	Kraftstoffmasse
m_L	Luftmasse

MMT Methylcyclopentadienyl-Mangan-Tricarbonyl
MO Monitoring, Überwachung
MOC Microcontroller Monitoring, Rechnerüberwachung
MOF Function Monitoring, Funktionsüberwachung
MOM Monitoring Module, Überwachungsmodul
MOSFET Metal Oxide Semiconductor Field Effect Transistor, Metall-Oxid-Halbleiter, Feldeffekttransistor
MOX Extended Monitoring, Erweiterte Funktionsüberwachung
MOZ Motor-Oktanzahl
MPI Multiple Point Injection
MRAM Magnetic Random Access Memory, magnetischer Schreib-Lese-Speicher mit wahlfreiem Zugriff
MSV Mengensteuerventil
MTBE Methyltertiärbutylether

N

n Motordrehzahl
N_2 Stickstoff
N_2O Lachgas
ND Niederdruck
NDIR Nicht-dispersives Infrarot
NE Nernst-Elektrode
NEFZ Neuer europäischer Fahrzyklus
Nfz Nutzfahrzeug
NGI Natural Gas Injector
NHTSA US National Transport and Highway Safety Administration
NMHC Kohlenwasserstoffe außer Methan
NMOG Organische Gase außer Methan
NO Stickstoffmonoxid
NO_2 Stickstoffdioxid
NOCE NO_x-Gegenelektrode
NOE NO_x-Pumpelektrode
NO_x Sammelbegriff für Stickoxide
NSC NO_x Storage Catalyst
NTC Temperatursensor mit negativem Temperaturkoeffizient
NYCC New York City Cycle
NZ Nernstzelle

O

OBD On-Board-Diagnose
OBV Operating Data Battery Voltage, Batteriespannungserfassung
OD Operating Data, Betriebsdaten
OEP Operating Data Engine Position Management, Erfassung Drehzahl und Winkel
OMI Misfire Detection, Aussetzererkennung
ORVR On Board Refueling Vapor Recovery
OS Operating System, Betriebssystem
OSC Oxygen Storage Capacity
OT oberer Totpunkt des Kolbens
OTM Operating Data Temperature Measurement, Temperaturerfassung
OVS Operating Data Vehicle Speed Control, Fahrgeschwindigkeitserfassung

P

p Die effektiv vom Motor abgegebene Leistung
p-*V*-Diagram Druck-Volumen-Diagramm, auch Arbeitsdiagramm
PC Passenger Car, Pkw
PC Personal Computer
PCM Phase Change Memory, Phasenwechselspeicher
PDP Positive Displacement Pump
PFI Port Fuel Injection
Pkw Personenkraftwagen
PM Partikelmasse
PMD Paramagnetischer Detektor
p_{me} Effektiver Mitteldruck

p_{mi} mittlerer indizierter Druck
PN Partikelanzahl (Particle Number)
PP Peripheralpumpe
ppm parts per million, Teile pro Million
PRV Pressure Relief Valve
PSI Peripheral Sensor Interface, Schnittstelle zu peripheren Sensoren
Pt Platin
PWM Puls-Weiten-Modulation
PZ Pumpzelle
P_Z Leistung am Zylinder

R

r Hebelarm (Kurbelradius)
R_1 Primärwiderstand
R_2 Sekundärwiderstand
RAM Random Access Memory, Schreib-Lese-Speicher mit wahlfreiem Zugriff
RDE Real Driving Emissions Test
RE Referenz Electrode
RLFS Returnless Fuel System
ROM Read Only Memory, Nur-Lese-Speicher
ROZ Research-Oktanzahl
RTE Runtime Environment, Laufzeitumgebung
RZP Rollenzellenpumpe

S

s Hubfunktion
σ Standardabweichung
SC System Control, Systemsteuerung
SCR selektive katalytische Reduktion
SCU Sensor Control Unit
SD System Documentation, Systembeschreibung
SDE System Documentation Engine Vehicle ECU, Systemdokumentation Motor, Fahrzeug, Motorsteuerung
SDL System Documentation Libraries, Systemdokumentation Funktionsbibliotheken
SEFI Sequential Fuel Injection, Sequentielle Kraftstoffeinspritzung
SENT Single Edge Nibble Transmission, digitale Schnittstelle für die Kommunikation von Sensoren und Steuergeräten
SFTP US Supplemental Federal Test Procedures
SHED Sealed Housing for Evaporative Emissions Determination
SMD Surface Mounted Device, oberflächenmontiertes Bauelement
SMPS Scanning Mobility Particle Sizer
SO_2 Schwefeldioxid
SO_3 Schwefeltrioxid
SRE Saugrohreinspritzung
SULEV Super Ultra Low Emission Vehicle
SWC Software Component, Software Komponente
SYC System Control ECU, Systemsteuerung Motorsteuerung
SZ Spulenzündung

T

TCD Torque Coordination, Momentenkoordination
TCV Torque Conversion, Momentenumsetzung
TD Torque Demand, Momentenanforderung
TDA Torque Demand Auxiliary Functions, Momentenanforderung Zusatzfunktionen
TDC Torque Demand Cruise Control, Fahrgeschwindigkeitsregler
TDD Torque Demand Driver, Fahrerwunschmoment

TDI Torque Demand Idle Speed Control, Leerlaufdrehzahlregelung
TDS Torque Demand Signal Conditioning, Momentenanforderung Signalaufbereitung
TE Tankentlüftung
TEV Tankentlüftungsventil
t_F Funkendauer
THG Treibhausgase, u. a. CO_2, CH_4, N_2O
t_i Einspritzzeit
TIM Twist Intensive Mounting
TMO Torque Modeling, Motordrehmoment-Modell
TPO True Power On
TS Torque Structure, Drehmomentstruktur
t_s Schließzeit
TSP Thermal Shock Protection
TSZ Transistorzündung
TSZ, h Transistorzündung mit Hallgeber
TSZ, i Transistorzündung mit Induktionsgeber
TSZ, k kontaktgesteuerte Transistorzündung

U

U/min Umdrehungen pro Minute
U_F Brennspannung
ULEV Ultra Low Emission Vehicle
UN ECE Vereinte Nationen Economic Commission for Europe
U_P Pumpspannung
UT Unterer Totpunkt
UV Ultraviolett
U_Z Zündspannung

V

V_c Kompressionsvolumen
VFB Virtual Function Bus, Virtuelles Funktionsbussystem
V_h Hubvolumen
VLI Vapour Lock Index
VST Variable Schieberturbine
VT Ventiltrieb
VTG Variable Turbinengeometrie
VZ Vollelektronische Zündung

W

W_F Funkenenergie
WLTC Worldwide Harmonized Light Vehicles Test Cycle
WLTP Worldwide Harmonized Light Vehicles Test Procedure

X

XCP Universal Measurement and Calibration Protocol – universelles Mess- und Kalibrierprotokoll

Z

ZEV Zero Emission Vehicle
ZOT Oberer Totpunkt, an dem die Zündung erfolgt
ZrO_2 Zirconiumoxid
ZZP Zündzeitpunkt

Stichwortverzeichnis

Printed in the United States
By Bookmasters